JN016814

品質重視のアジャイル開発

成功率を高める
プラクティス・Doneの定義・開発チーム編成

誉田直美 著

日科技連

まえがき

本書を手に取る方の多くは、アジャイル開発を試してみたいが品質は大丈夫か、と不安に思っている方だろう。アジャイル開発に取り組む必要があると漠然と感じているものの、何から始めたらよいのかわからない、と困っていらっしゃるかもしれない。あるいは、かつてアジャイル開発を試してみたもののうまくいかず、再挑戦をためらっている方もいらっしゃるだろう。

巷にはアジャイル開発についての書籍があふれている。しかし、その多くは翻訳書であり、日本の開発現場にうまく適用できるか見通しを立てにくい。また、アジャイル開発の書籍は多岐多様な観点で述べられているため、自分に適した方法を探し出すには時間がかかる。よさそうな方法が見つかったとしても、それを試行錯誤して組み合わせ、自社に合ったうまくいくアジャイル開発方法を見つけることは、求められる仕事のペースでは難しい。

本書は、品質を重視したアジャイル開発の成功率を高める一揃いの手法群を提供するものである。そのポイントは、プラクティス(開発習慣)・Done の定義(ウォーターフォールモデル開発での出荷判定基準に相当)・開発チーム編成である。2001 年にアジャイル開発宣言が発表されて 20 年が経過し、アジャイル開発領域では、すでに常識的に適用すべきと思われる技術が現れている。それに、筆者のアジャイル開発経験を加味して、日本において、高い成功率で品質を確保できるアジャイル開発方法を提案するのが本書のねらいである。

また、品質確保に軸足を置いてアジャイル開発を説明した点も、本書の大きな特徴である。アジャイル開発において、どうすれば日本で求められるような品質を確保できるかに、強い関心をお持ちの方は多いと思う。ソフトウェア品質の専門家である筆者も、その一人である。ソフトウェア開発での品質確保の考え方は、プロセスモデルに依らず本質は同じである。ただし、アジャイル開発では「短期間」がキーワードになる。アジャイル開発のよさを生かしながら、短期間に品質を確保したソフトウェアを繰り返しリリースするには、今までにない多くの工夫が必要である。本書で提案する方法は、それらの工夫を盛り込んでいる。

筆者とアジャイル開発とのかかわりは、ちょうど10年ほど前にさかのぼる。アジャイル開発で品質を確保する方法を検討して社内ガイドラインを策定し、適用推進するとともに、実業務で多くのアジャイル開発プロジェクトの品質保証や出荷判定に携わった。また、自ら開発チームを率いて、アジャイル開発を実践し試行錯誤を重ねた。アジャイル開発のデータを収集し、ウォーターフォールモデル開発のデータと比較して、アジャイル開発の特徴を分析した。そして、それらの適用結果を、社内ガイドラインへフィードバックして改善することを繰り返した。本書は、こうした経験に基づいて得られた知見から構築したものである。

初心者がゼロからスタートして、アジャイル開発をうまく進めることができるようになるには時間がかかる。そして、高い成功率で品質確保できる方法にたどり着くには、さらに時間がかかる。本書で紹介する方法は、適用実績があり、アジャイル開発の初心者でも大きく外れることはないと考える。本書の方法でアジャイル開発に慣れてきたら、各自の開発事情に合わせて、自由に追加変更すればよい。独力で試行錯誤して自分のアジャイル開発方法を見つけるよりも、ずっと早く目的を達成できるはずだ。

ご存知のように、日本におけるアジャイル開発の適用比率は、欧米に比べてかなり見劣りする。その理由はさまざまあるだろうが、このままでは、日本のソフトウェア開発はさらに水をあけられてしまうかもしれないという危惧のもと、本書の執筆を決意した。今までウォーターフォールモデル開発に取り組んできた方々が、アジャイル開発での品質確保に、納得して取り組むきっかけになるものを本書でお伝えできればと願っている。

本書の構成

第1章は、アジャイル開発の概要について、なぜ今、アジャイル開発が必要か、アジャイル開発とは何か、アジャイル開発とウォーターフォールモデル開発との違い、日本のアジャイル開発状況を説明する。

第2章は、アジャイル開発を取り巻くさまざまな課題を解説する。アジャイル(機敏な、素早い)という言葉の印象から、夢のような開発方法を想像するかもしれないが、現実には課題が多い。アジャイル開発が普及している欧米で起こっている問題点を含め、その課題を説明する。

第3章は、世の中のアジャイル開発における品質保証について調査した結果を説明する。もしかしたら日本だけが取り残されて、アジャイル開発で品質保証できていないのではないかと思っている方がいるかもしれない。しかし世の中を見渡しても、画期的なアイデアがあるわけではなく、アジャイル開発の品質保証においては、まだまだ改善の余地が大きいと考える。

第4章は、本書の中核となる「アジャイル開発の成功率を高める一揃いの手法群」の全体像を説明する。アジャイル開発での品質保証のポイントを解説するとともに、アジャイル開発を開始する際の上司の心構えと、アジャイル開発開始時に起こしがちな問題と解決策を合わせて解説する。

第5章からは、現場でそのまま適用できるよう、第4章で説明した一揃いの手法群の全体像を詳細に解説していく。また、第8章では、アジャイル開発をリモートワークで実施するポイントを説明する。

第5章では、アジャイル開発を始める前に必要な準備活動と、本書が推奨するプラクティスの実施ポイントを説明する。アジャイル開発のチーム編成、アジャイル開発と相性のよい開発対象ソフトウェア、開発環境の整備、バックログの作成方法などについても解説する。

第6章は、Done判定と、Done判定の事前審査をする品質技術者の活動を説明する。Done判定とは、Doneの定義に基づくバックログ項目の完了判定であり、ウォーターフォールモデル開発での出荷判定に該当する。Done判定と品質技術者は、本書独自の提案である。

第7章は、アジャイル開発におけるメトリクスの活用方法を解説する。ウォーターフォールモデル開発のようなメトリクスの活用方法を知りたい方は多いと思う。そのアジャイル開発での具体的なメトリクス活用方法を説明するとともに、アジャイル開発とウォーターフォールモデル開発との実データの比較結果を紹介する。

第8章は、新常態となりつつあるリモートワークで、アジャイル開発を実施する方法を解説する。アジャイル開発は、ツール利用が必須であるため、事前に開発環境を整備するので、それほど多くの困難を伴わずにリモートワークへ移行可能である。

巻末に、付録として、本書で紹介するDone判定を実施するためのDone判定シート、推奨する全プラクティスの適用方法ともっと知りたいと思ったときのお奨め文献、Done判定の審査項目の一つである成果物評価で使用するチェックリスト、本書とスクラムの用語対応表を掲載する。

本書の読み方

本書は、品質を重視したアジャイル開発を解説する書籍である。アジャイル開発にこれから取り組む開発者やチームリーダー、プロジェクトマネージャー、品質技術者の方々は、ぜひ手に取って本書全体に目を通していただきたい。ウォーターフォールモデル開発との違いに言及しながら、アジャイル開発の進め方を解説しているので、長年ウォーターフォールモデル開発に携わってきた方には、特に有用だと思う。また、品質技術者の具体的な活動について、第6章に節を設けて解説しているので参照してほしい。

- アジャイル開発の経験者の方々

品質に軸足を置いたアジャイル開発とはどういうものかが、大いに参考になるはずである。ご自身の経験と、本書が提案する「アジャイル開発の成功率を高める一揃いの手法群」を比較していただき、今後のアジャイル開発の参考にしていただきたい。第4章のアジャイル開発における品質保証のポイント、第6章と第7章の品質確保のノウハウは、本書独自のものであり、特に参考になると思う。

● ソフトウェア開発にかかわる経営者や管理者の方々

第1章と第2章を参照することによって、アジャイル開発とは何か、そのメリットとデメリットなどを素早く理解できる。特に第1章のアジャイル開発とウォーターフォールモデル開発の比較は、これからアジャイル開発に取り組もうという組織にとって大いに参考になるはずである。

謝辞

本書は、筆者が所属していた大手電機メーカーで得られた知見に基づき、全体を構成したものである。筆者とともにアジャイル開発に取り組んだ元同僚の皆様に、心から感謝と御礼を申し上げたい。皆様とともに悩み、苦労した結果が、本書に結実した。また、最近のリモートワークに関する多くの知見について、情報をいただいたことについて特に謝意をささげる。

倉下亮氏、安藤寿之氏には特別の御礼を申し上げたい。筆者の原稿を丁寧にレビューし、多くのコメントをいただいた。特に、倉下氏からは、その豊富なアジャイル開発の品質保証経験に基づき、本書のコラムなどにも貴重な執筆材料を提供していただいた。また、長年、アジャイル開発の普及にかかわった経験をもつ安藤氏には、付録のプラクティスの執筆に多大なる協力をいただいた。

日科技連出版社の鈴木兄宏氏および石田新氏にも感謝する。筆者にとって、本書の執筆は勇気がいる仕事だった。ときに気後れしそうになる筆者を励まし、技術者とは異なる視点で貴重な意見をいただいた。両氏の熱意に御礼を申し上げる。

最後に、いつも変わらず理解し協力してくれる家族に感謝する。

2020年8月

誉　田　直　美

Done判定シート・チェックリストのダウンロード方法

本書に掲載したDone判定シート・チェックリストは、下記の著者ホームページからダウンロードできます。

https://ideson-worx.com/download

ID：agilequality

パスワード：ideson2020

注意事項：

- 上記の方法でうまくいかない場合は、info@ideson-worx.com までご連絡ください。
- 著者および出版社のいずれも、ダウンロードした資料を利用した際に生じた損害についての責任、サポート義務を負うものではありません。

準拠セミナーについて

本書の内容を解説するセミナーについては、日本科学技術連盟の下記サイトから検索するか、info@ideson-worx.com へお問い合わせください。

http://www.juse.or.jp/sqip/seminar/list/

品質重視のアジャイル開発　目次

第4章　品質保証のポイントを踏まえたアジャイル開発

第5章　アジャイル開発の準備とプラクティス

第6章　アジャイル開発のDone判定と品質技術者の役割

第7章　アジャイル開発におけるメトリクスの活用

第8章　リモートアジャイル開発の実際

column

第1章

アジャイル開発の概要

本章では、アジャイル開発の概要を解説する。アジャイル開発の必要性、アジャイル開発の定義、アジャイル開発とウォーターフォールモデル開発との比較に基づくアジャイル開発の特性を説明するとともに、日本におけるアジャイル開発の状況を概観する。

1.1 ▶なぜ今、アジャイル開発か

すべての産業でサービス化が進展し、IT技術を軸に、異業種からの参入などによって従来の産業の垣根を超えた構造変化が起こっている。車というモノの販売から移動サービスへ、小売業から個々の顧客の好みに合わせたパーソナライズ化されたサービス提供へと、ビジネスの形態は従来の産業構造ではとらえられなくなり、ゲームが変わろうとしている。加えて、世界的な感染症蔓延の影響を受け、常識そのものが変化しようとしている。われわれを取り巻く環境は、すべてのモノがネットワークでつながり、AIを搭載し、思いつく限りのサービスが提供されるのが当たり前になってきている。そのうえ、常識そのものが変わろうとしている現在、昨日までの当たり前が明日には通用しないということが実際に起こっている。

そのような中で、今、世の中に求められるサービスを的確に提供するには、トライ&エラーを繰り返しながら、きめ細かく満足度の高いサービスを探していく必要がある。それに応えることができる基盤技術がソフトウェアであり、その開発技法がアジャイル開発である。

アジャイル開発は、ソフトウェア開発において、トライ&エラーを繰り返し、短期間で新しいソフトウェアを提供できる開発技法である。本節の「なぜ今、アジャイル開発か」という問いに対する答えは、「現在の社会環境に求められているから」である。従来のウォーターフォールモデル開発では、短期間でのトライ&エラーは困難である。アジャイル開発であれば、常識そのものの変化に対応しながら、短期間でソフトウェアを開発し、顧客の反応をフィードバックしながら繰り返し提供できる。アジャイル開発に目が向くのは、周りがアジャイル開発を始めたから遅れないように自分も、といった理由ではない。われわれは、社会の変化に対応するため、自分たちのビジネスに必要だからアジャイル開発に対応しなければならない。これがソフトウェア業界の置かれた立場である。

1.2▶アジャイル開発の定義

(1) アジャイルソフトウェア開発宣言と12の原則

アジャイル開発とは、「アジャイルソフトウェア開発宣言[1]」(**図 1.1** 参照)、および「アジャイルソフトウェアの12の原則[2]」(**図 1.2** 参照)に則るソフトウェア開発技法をいう。アジャイルソフトウェア開発宣言は、2001年に発表された。このアジャイルソフトウェア開発宣言に至る前の1990年代から、すでにアジャイル開発で有名な、スクラム[3]やエクストリームプログラミング[4](以降、XP：eXtreme Programmingと呼ぶ)などの技法が提案されている。これらの技法は、従来のウォーターフォールモデル開発の課題を解決する技法

アジャイルソフトウェア開発宣言

私たちは、ソフトウェア開発の実践
あるいは実践を手助けをする活動を通じて、
よりよい開発方法を見つけだそうとしている。
この活動を通して、私たちは以下の価値に至った。

プロセスやツールよりも個人と対話を、
包括的なドキュメントよりも動くソフトウェアを、
契約交渉よりも顧客との協調を、
計画に従うことよりも変化への対応を、

価値とする。すなわち、左記のことがらに価値があることを
認めながらも、私たちは右記のことがらにより価値をおく。

Kent Beck
Mike Beedle
Arie van Bennekum
Alistair Cockburn
Ward Cunningham
Martin Fowler
James Grenning
Jim Highsmith
Andrew Hunt
Ron Jeffries
Jon Kern
Brian Marick
Robert C. Martin
Steve Mellor
Ken Schwaber
Jeff Sutherland
Dave Thomas

©2001、上記の著者たち
この宣言は、この注意書きも含めた形で全文を含めることを条件に自由にコピーしてよい。

図 1.1 アジャイルソフトウェア開発宣言[1]

アジャイル宣言の背後にある原則

私たちは以下の原則に従う：
顧客満足を最優先し、価値のあるソフトウェアを早く継続的に提供します。

要求の変更はたとえ開発の後期であっても歓迎します。
変化を味方につけることによって、お客様の競争力を引き上げます。

動くソフトウェアを、2-3週間から2-3ヶ月というできるだけ短い時間間隔でリリースします。

ビジネス側の人と開発者は、プロジェクトを通して日々一緒に働かなければなりません。

意欲に満ちた人々を集めてプロジェクトを構成します。
環境と支援を与え仕事が無事終わるまで彼らを信頼します。

情報を伝えるもっとも効率的で効果的な方法はフェイス・トゥ・フェイスで話をすることです。

動くソフトウェアこそが進捗の最も重要な尺度です。

アジャイル·プロセスは持続可能な開発を促進します。
一定のペースを継続的に維持できるようにしなければなりません。

技術的卓越性と優れた設計に対する不断の注意が機敏さを高めます。

シンプルさ(ムダなく作れる量を最大限にすること)が本質です。

最良のアーキテクチャ・要求・設計は、自己組織的なチームから生み出されます。

チームがもっと効率を高めることができるかを定期的に振り返り、
それに基づいて自分たちのやり方を最適に調整します。

図1.2 アジャイルソフトウェアの12の原則[2]

として考案されたものである。ウォーターフォールモデルの課題とは、開発初期に要件が確定することを前提としている点である[5]。要件が決まらなかったり、一度決めた仕様が変更されるという課題は、常にソフトウェア開発を悩ませてきた。

その課題に対して、要件をどう確定するかではなく、世の中は常に移り変わっていくものなのだから要件も変わるものとして、変化する要件にどう対応するかを考える、いわば逆転の発想がアジャイル開発という開発技法の特徴である。その解決方法を、さまざまに提案していた17人が集まって署名したのが、「アジャイルソフトウェア開発宣言」である。当然のことながら、課題に対する解決方法は提案者によって少しずつ軸足が異なるため、アジャイルソフトウェア開発宣言は、署名した17人全員が賛同できる抽象度の高い共通的な考え方となっている。

アジャイル開発の定義として合意されているのは、このアジャイルソフトウェア開発宣言と12の原則の2つだけである。このため、アジャイル開発は、「アジャイル開発とは何か」に対する理解という時点から個々人に解釈の幅があり、そのためにさまざまな誤解が生じてきた。たとえば、アジャイル開発に対する「アジャイル開発でドキュメントは不要」という考え方(これは誤解である)は、アジャイルソフトウェア開発宣言の価値の2つ目、「包括的なドキュメントよりも顧客との協調を」から生まれたといわれている。宣言の最後には、「左記のことがらに価値があることを認めながらも、私たちは右記の事柄により価値を置く」とあるので、「包括的なドキュメントには価値があるとともに、顧客との協調により価値を置く」と宣言は言っているのだ。それにもかかわらず、「顧客との協調」だけが独り歩きをして、「ドキュメントは不要」という誤解が生まれてしまったのである。

このように、アジャイル開発の世界では、何がアジャイル開発で、何がアジャイル開発でないのか、という基本的な問いに起因する問題が頻繁に起こる。具体的な技法の提案が先で、その共通項を抽象度を上げてまとめたのがアジャイルソフトウェア開発宣言である、という経緯を踏まえると、アジャイル開発かどうかという問題は、誰かが判断するようなものではなく、個々人がアジャイルソフトウェア開発宣言と12の原則に基づいて判断するものであろう。その意味で、アジャイル開発は、その適用者に対して自律を求める技術といえると思う。

(2)　主なアジャイル開発技法

アジャイル開発技法には、さまざまなものがある。よく知られているものに、スクラム、XP、クリスタル、リーン、カンバンなどがある。**表1.1**に主なアジャイル開発技法を示す。

図1.3は、世の中でよく使われているアジャイル開発技法を示したグラフである。図1.3の出典は、VersionOneという会社が主催する、アジャイル開発

表 1.1　主なアジャイル開発技法

No.	方法論	提唱者	概要
1	スクラム（Scrum）	ケン・シュエイバー ジェフ・サザーランド	アジャイル開発のマネジメント技術にフォーカスしたフレームワークである。スプリント、プロダクトバックログ、デイリースクラムなどのマネジメント系プラクティスは、スクラムによって提案されたものである。スクラムの思想で大きなもののひとつに、スプリントの間は今回開発している機能の要求を凍結することがある[3]。
2	エクストリーム・プログラミング（XP：eXtreme Programing）	ケント・ベック	XP のエクストリームという単語は、最良の開発プラクティスを最大限適用するという意思を伝えたものといわれている。ペアプログラミング、リファクタリング、継続的インテグレーションなど、アジャイル開発で適用される技術系プラクティスの多くは、XP によって提案されたものである[4]。
3	クリスタル（Crystal）	アリスター・コーバーン	チームの規模とプロジェクトの重要度の 2 次元で、おのおの 4 つの水準で特徴づけた一連の方法論である。7 つの規律を定義し、浸透性のコミュニケーションなどが有名である[6]。
4	リーン・ソフトウェア開発	メアリー・ポッペンディーク トム・ポッペンディーク	トヨタ生産方式のジャストインタイムからヒントを得て考案された方法論で、ムダをなくすことを重視する。ソフトウェアにおけるムダとは、顧客に提供されないものであり、明白にビジネス価値を生まない成果物を除外する[7]。
5	カンバン	デイヴィッド・アンダーソン	トヨタ生産方式からヒントを得たもので、リーンやスクラムを補足するものとして人気がある。カンバンの大きな思想は、要求駆動となるように、仕掛品を最小化することにある[8]。

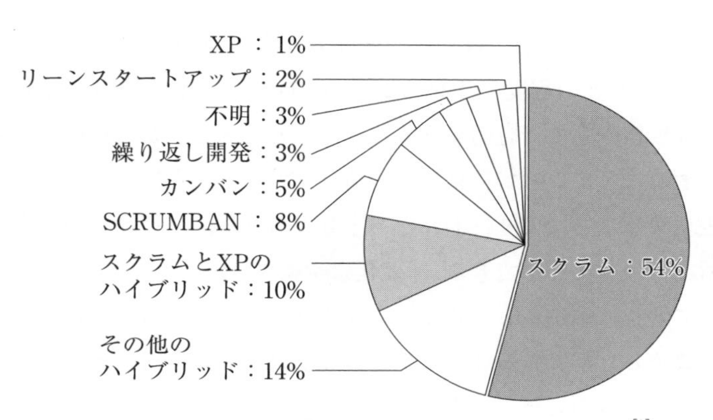

図 1.3 世の中でよく使われているアジャイル開発技法[9]

に関する年次アンケート調査レポート[9]である。2008年から発行されており、アンケート回答者の7割～8割は欧州か北米に所在しているため、アジャイル開発で先行する欧米での状況が色濃く反映されているレポートと考えてよい。図1.3によると、最も使われているのはスクラムで、54%である。2位と3位が複数の方法論を組み合わせたハイブリッド方式で、スクラムとXPのハイブリッドが10%、その他のハイブリッドが14%である。ハイブリッド方式まで含めると、スクラム利用は全体の64%であり、アジャイル開発プロジェクトの過半数はスクラムを採用していると考えられる。スクラムの利用が過半数を占める傾向は、この調査を開始した2008年から変わっていない。

(3) 本書におけるアジャイル開発の定義

本書では、アジャイル開発を「所定の品質を確保したソフトウェアを、短期間で繰り返しリリースする手法」と定義する。その目指すところは、顧客に価値をもたらすことであり、それは短期間で頻繁にソフトウェアを提供し、その検証を繰り返すことにより実現する。

本書は、この定義に基づき、アジャイル開発をソフトウェア工学の観点からとらえ、品質や生産性を確保するための方法を論じようとしている。工学の観点という意味は、たとえば、アジャイル開発で重視する「変化に柔軟に対応」とは、「何がどの程度どうなることかを観察し、要素技術に分解して再現可能なように組み立てて説明する」ということである。要素技術に分解して計測可能とすることによって、結果との検証ができるようになる。差異の程度を数値で表現することにより、それが不十分なら具体的な行動や適用する技術の改善に結び付けることができる。「変化に柔軟に対応」という表現のままでは、人によって解釈に幅があり、議論がすれ違う危険性がある。それを建設的に議論したり改善したりできるようにすることを目指し、技術の視点で解説しようというのが、本書の姿勢である。

(4)　本書で使用するアジャイル開発用語

本書で使用するアジャイル開発用語を**図 1.4** および**表 1.2** に示す。上述のとおり、アジャイル開発の世界で主に使われている開発技法は、スクラムと XP であることを念頭に置き、それらの用語を参考とした。なお、特にスクラムとは若干異なる意味で使用している用語があり、その違いを付録 5 で説明しているので参考にしていただきたい。

本書では、繰り返しをスプリント、要件一覧をバックログと呼ぶ。

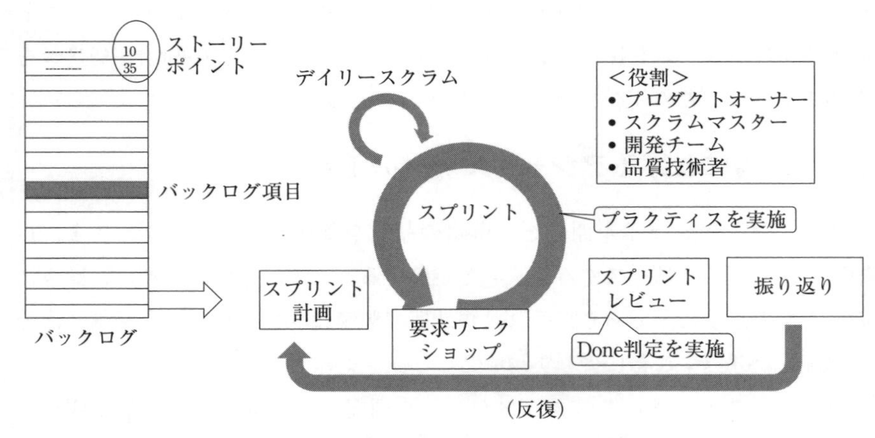

図 1.4　本書で使用するアジャイル開発用語

表 1.2　本書で使用するアジャイル開発用語説明

No.	用語	説明
1	バックログ	要件一覧のこと。各要件は優先順位付けし、優先順位の高い順に並べる
2	バックログ項目	要件のこと。要件には、開発要件だけでなく、さまざまな付帯作業を含む。
3	ストーリーポイント	そのバックログ項目を実現するのに必要な作業量の相対値。バックログ項目ごとに見積もる
4	スプリント	1回の繰り返し開発のこと。本書では2週間をスプリントの推奨期間とする。スクラムでは、1回のスプリントの期間は1週間～4週間程度といわれている
5	スプリント計画	スプリントの開発計画を立案する場。スプリント開始時に実施する
6	デイリースクラム	開発チームが毎日実施する15分程度の短いミーティング。朝実施することが多いため、朝会とも呼ばれる
7	要求ワークショップ	次回または次々回のスプリントで開発予定のバックログ項目を詳細化する場
8	プラクティス	スプリント中に実施する開発習慣。アジャイル開発では、実行すべきことを確実に実施するために、それをプラクティスとして明らかにする
9	Doneの定義	バックログ項目が完了しているかどうかを判定するための基準
10	Done判定	Doneの定義により、バックログ項目が完了しているかどうかを判定すること
11	スプリントレビュー	プロダクトオーナーが、動くソフトウェアにより開発結果を確認しDone判定する場。各スプリントの最後に実施する
12	振り返り	スプリント終了時に実施する開発チームの反省会。改善に結びつけることをねらいとする
13	プロダクトオーナー	開発するプロダクトの責任者。開発要件の内容と優先順位を決定する
14	スクラムマスター	プロダクトオーナーと開発チームが正しくスクラムを実践するよう支援する役割
15	開発チーム	要件に従って開発するチーム。3～9人の構成が望ましい
16	品質技術者	アジャイル開発の品質保証を支援する役割

バックログは、バックログ項目とストーリーポイントを含む。バックログ項目は1件ごとの要件、ストーリーポイントは各要件を開発するのに必要な作業量の相対値である。

スプリントの最初にスプリント計画を実施し、実際の開発作業に入る。スプリントの途中には要求ワークショップを開催する。

毎日、デイリースクラムと呼ぶ朝会を実施し、プラクティスを実施して開発を進める。

スプリントの最後にはスプリントレビューを開催する。スプリントレビューでは、Doneの定義に基づき、そのスプリントで開発したバックログ項目が完了したかどうかを判定するDone判定を行う。スプリントレビュー後には振り返りをする。

アジャイル開発に登場する役割は、開発責任者であるプロダクトオーナー、開発チーム、開発チームを支援するスクラムマスター、品質保証を支援する品質技術者の4つがある。品質技術者は、スクラムには登場しない役割だが、アジャイル開発で的確に品質保証するには必要と判断し、本書にて定義している。

1.3 ▶ アジャイル開発とウォーターフォールモデル開発の比較

アジャイル開発は、従来のウォーターフォールモデル開発と何が違うのだろうか。まず、双方のプロセスモデルにおいて最も成功率が高いと思われる条件を比較して、その違いを考える。**表1.3**は、従来のウォーターフォールモデル開発とアジャイル開発において、最も成功する確率の高い条件を比較したものである。また、表1.3の開発者の項で使用する「レベル」の定義を**表1.4**に示す。

(1) 適用対象の比較

表1.3の各プロセスモデルを適用する「主要な目的」では、ウォーター

表 1.3　アジャイルとウォーターフォールモデルの比較[10]

特徴		アジャイル開発	ウォーターフォールモデル開発
適用対象	主要な目的	迅速な価値、変化への対応	予測可能性、安定性、高い確実性
	規模	小規模なチーム / プロジェクト	大規模なチーム / プロジェクト
	環境	混沌、激しい変化、プロジェクト中心	安定、少ない変化、プロジェクト / 組織中心
マネジメント	顧客との関係	専任のオンサイト顧客、優先順位付けされたインクリメント中心	必要に応じた顧客とのやり取り、契約条項中心
	計画と管理	内在化された計画、質的制御	文書化された計画、量的制御
	コミュニケーション	個人間の暗黙知	文書化された形式知
技術	要求	優先順位付けされた、形式にこだわらないストーリーとテストケース、予想できない変化の受容	正式に承認されたプロジェクト、能力、インタフェース、品質、予想可能な要求の進化
	開発	シンプルな設計、短いインクリメント、リファクタリングは低コストだと想定	大規模な設計、比較的長いインクリメント、リファクタリングは高コストだと想定
	テスト	実行可能なテストケースで要求を定義	文書化されたテスト計画ならびに手続き
人	顧客との関係	専任で常駐するCRACK注1)を満たした人	必ずしも常駐しないCRACK注1)を満たした人
	開発者	レベル2以上の熟練者が専任で少なくとも30%以上、レベル1Bまたは−1は含まない注2)	全体を通してレベル3が10%(初期には50%)、レベル1Bは30%含めることができる。レベル−1は含まない注2)
	文化	高い自由度がもたらす快適さと権限委譲(カオスにおける繁栄)	方針と手続きのフレームワークがもたらす快適さと権限委譲(秩序における繁栄)

注1)　協力的で(Collaborative)、顧客の意思をきちんと代表していて(Representative)、権限をもち(Authorized)、献身的で(Committed)、知識をもっている(knowledgeable)

注2)　これらの数値は、アプリケーションの複雑さによって大きく異なる。レベルの定義は表1.4を参照のこと

表 1.4　開発者の技術レベル[6][10]

レベル	手法の理解と利用の技術レベル
レベル3	適用する条件に適合するように、手法そのものを改訂できる
レベル2	適用する条件に合わせて、手法をカスタマイズできる
レベル1	手法を適用できる
レベル1A	手法を使って、自由裁量の部分を遂行できる (経験を積めばレベル2になることができる)
レベル1B	手法を使って、手続き的な部分を遂行できる (経験を積めば、レベル1Aのスキルのいくつかをマスターできる)
レベル−1	手法を使えない、または使わない

フォールモデル開発が「予測可能性、安定性、高い確実性」とあるのに対して、アジャイル開発は「迅速な価値、変化への対応」とある。また、ウォーターフォールモデル開発が、「大規模なチーム」(規模の項より)、「正式に承認された…予想可能な要求の進化」(要求の項より)とあるのに対して、アジャイル開発は、「小規模なチーム」、「優先順位付けされた、形式にこだわらないストーリー…予測できない変化の受容」とある。

こうした違いから、ウォーターフォールモデル開発が、安定的な場面での大規模チームによる開発が得意なのに対して、アジャイル開発は、変化の大きい場面での小規模チームによる開発で効果を発揮することがわかる。これが、アジャイル開発が、現在の変化の激しいビジネス環境に必須だといわれる理由である。

適用対象の違いに対応して、マネジメントと技術にも違いがある。マネジメント(コミュニケーションの項より)では、アジャイル開発は個人間の暗黙知中心、ウォーターフォールモデル開発は文書化された形式知中心である。技術(開発の項より)では、アジャイル開発はシンプルな設計と短いインクリメント、ウォーターフォールモデル開発は大規模な設計と比較的長いインクリメントである。なお、表1.3からは、アジャイル開発では大規模チームによる開発が不向きのような印象を受けるかもしれない。現時点においては、SAFe(Scaled Agile Framework)[11]やLeSS(Large-Scale Scrum)[12]など、アジャイル開発での大規模なチームによる開発技法が提案され、実際に実施されつつあることを補足しておく。

(2) 「人」の比較

表1.3のアジャイル開発とウォーターフォールモデル開発の「人」に関する違いは、注意を要する。顧客については、ウォーターフォールモデルでは必ずしも顧客の常駐を要求していないが、アジャイル開発では「専任で常駐する」ことを念頭に置いている。

また、開発者では、ウォーターフォールモデル開発は全体を通して「レベル3：10%、レベル1Bは30%を含めることができる、レベル−1は含まない」とあるのに対して、アジャイル開発は「レベル2または3：少なくとも30%以上、レベル1Bまたは−1は含まない」とある。表1.4のレベル定義によると、技術レベルの高い順から、レベル3は適用する手法そのものを改訂できる、レベル2は適用する手法のカスタマイズができる、レベル1は適用する手法に従うことができる、であり、レベル1はさらに2つの層に分かれ、レベル1Aは、適用する手法のうち自由裁量の部分を遂行できる、1Bは、適用する手法のうち手続き的な部分を遂行できる、である。

仮に、ある組織の技術者が、表1.4のレベル3、2、1A、1B、−1におのおの20%ずつ分布すると仮定すると、ウォーターフォールモデル開発は、現場の下位20%を除く上位80%の技術者を条件としており、組織の幅広い技術者の参加が可能である(**図1.5**参照)。ただし、上位の技術者要件として、開発初期にレベル3が開発チームの50%、以降は10%としている。ウォーターフォールモデル開発は、開発期間が長くプロジェクトの規模が比較的大きいために、開発初期に高技術レベルの技術者が設計し、以降は幅広い技術者が開発を進めるという技術者要件になるものと考えられる。

一方、アジャイル開発は、スキルレベル1A以上を求めているので、現場の

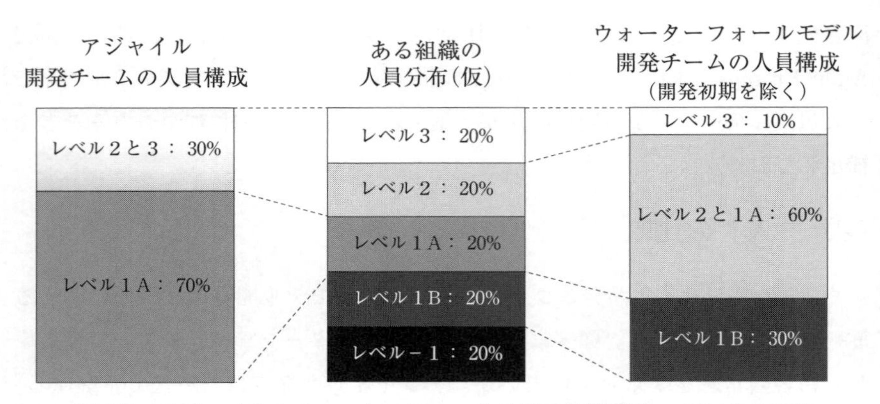

図 1.5　アジャイルとウォーターフォールモデルの開発チーム編成の比較

上位60%の技術者で構成された開発チームが、最も成功する確率の高い条件となる。また、上位の技術者要件として開発チームの30%以上をレベル2以上にする必要がある(図1.5参照)。プロジェクト全体を通して見ると、アジャイル開発は、ウォーターフォールモデル開発よりも、技術レベルが高い技術者を継続的に必要とすると考えられる。

以上をまとめると、ウォーターフォールモデル開発は、プロジェクト立ち上げ期に上位の技術者を必要とするものの、プロジェクトが軌道に乗れば幅広い層の技術者を許容できる。これに対して、アジャイル開発は、常時、一定レベル以上の技術者が必要という開発チーム編成の違いがある(図1.5参照)。

さらに、アジャイル開発で重要な意味をもつ人的要因として、技術レベルに加えて、親睦やコミュニケーションという特性も必要である[6][10]。アジャイル開発は、少人数でチームを組んで開発するため、ウォーターフォールモデル開発以上に、チームワークやコミュニケーション力が重要な特性として要求される。

(3)　開発方法の比較

図 1.6 に、ウォーターフォールモデル開発と比較したアジャイル開発の特徴

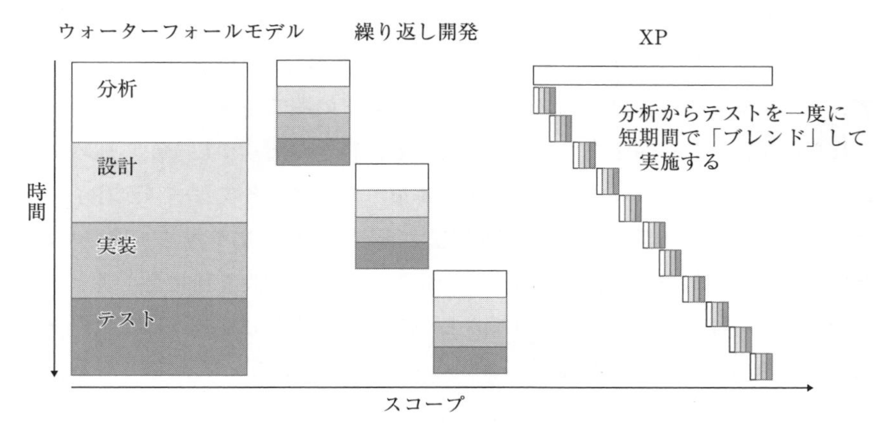

出典） K. Beck："Embracing Change with Extreme Programming", Computer, 32, 70-77, 1999

図 1.6 ウォーターフォールモデル、繰り返し開発、XP[13]

を表現した図を示す。図 1.4 は XP の提案者である K.Beck によるもののため、アジャイル開発を XP と表現している。ご存知のように、ウォーターフォールモデル開発は時間の経過につれて、分析、設計、実装、テストへと進んでいく。図 1.6 は、それを大きい箱を積み重ねることで表現している。繰り返し開発はそれを短いサイクルで繰り返す。積み重ねる箱の大きさは、ウォーターフォールモデル開発よりも小さい。アジャイル開発(図 1.6 では XP と表現している)は、最初に分析した後、繰り返し開発よりももっと短いサイクルで開発を繰り返す。しかも、分析からテストを一度に短期間で「ブレンド」して実施する。図 1.6 をよく見ると、アジャイル開発(XP)では時間の経過につれて箱が積み重なるのでなく、横に並んでいる。これが「ブレンド」して実施することを表している。

つまり、アジャイル開発は、短いウォーターフォールモデルではない。まったくパラダイムの異なる開発プロセスである。この理解が非常に重要である。ブレンドして実施するとは、個々の要件を開発するのに適した開発方法を採用してよく、開発の順序にはこだわらない、という意味である。プロトタイプの作成から始めてもよいし、テストコードの作成から始めてもよい。必ずしも分析⇒設計⇒実装⇒テストの順序でなくてかまわないのである。実際には、アジャイル開発でも、分析⇒設計⇒実装⇒テストの順で開発することが多いが、これらを規律正しく順序立てて進めなくとも、行きつ戻りつしながら進めてよいということである。ウォーターフォールモデルでは、各フェーズが終了しなければ次フェーズへ移ることは原則として認めないが、アジャイル開発では、そのときどきの状況に合わせて臨機応変に進めてよい。設計仕様書を書き上げてから実装へ移り、実装が終わってからテストに入るというように、フローで進めなければいけないのでなく、設計しながら実装してテストしてみる、といったように、開発しやすい方法で進めてよいということである。

1.4▶アジャイル開発の主な特徴

アジャイル開発の理解をより深めるために、アジャイル開発の主な特徴を紹介する。

(1)　バックログに基づく開発

ウォーターフォールモデル開発が、まず計画を立案し、その計画に従ってプロジェクトを進めていく計画駆動開発であるのに対して、アジャイル開発はバックログ(要件一覧)に基づいて開発を進める。アジャイル開発では、その開発チームが１回のスプリント(繰り返し)で実行できる開発作業量を見ながら、バックログの中の優先順位の高い要件から、今回のスプリントで開発する要件を選び、順に開発していくのである。

バックログをビジネス状況に合わせて常に見直すことは、アジャイル開発の肝である。現在のような動きの速いビジネス状況では、ほしい機能が時々刻々と変化する。先週まで最も優先順位の高かった機能が今週には順位が下がり、代わって異なる機能の優先順位が高くなることは、十分起こり得る。アジャイル開発が、アジャイル(機敏な、素早いといった意味)である大きな理由のひとつは、バックログを常に見直して最新状態を保持し、そのバックログに基づいて次のスプリントで開発する内容を決めるという方法にある。常に、その時点で最もほしい機能を作るのだから、顧客の要求に合致するはずである。

(2) タイムボックス

タイムボックスとは、開発作業を時間で区切るという意味である。ウォーターフォールモデル開発では、工程で開発作業を区切る。アジャイル開発は時間で開発作業を区切る。タイムボックスとは、たとえば1回のスプリント期間を2週間と決めたら、必ず2週間で終了するということだ。たとえ、あと1日あればこの開発が終わるのに、というときでもそのスプリントを終了するのである。逆にいえば、1回のスプリント期間で終わるように、うまく要件を区切ることが重要になる。

(3) 持続可能なペース

持続可能なペースと(2)のタイムボックスは、お互いに影響し合う一対の考え方である。常に持続可能なペースで、各スプリントを進めるのである。ウォーターフォールモデル開発で見られるような、最後の追い込みでペースを上げるようなことはしない。そうではなく、ずっと同じペースで半永久的に開発を継続するのである。アジャイル開発には自由な印象があるかもしれないが、アジャイル開発はプロジェクトが終わらない限り、区切りになるようなイベントがないため、終わりのないマラソンのようなものである。ウォーターフォールモデル開発よりも開発者にとっては精神的に厳しいかもしれない。

(4) フラットで自己組織化された開発チーム

開発チーム内は、上下関係がないフラットな体制で、各技術者が自律的に動くことを前提とする。自己組織化とは、開発チームを構成する技術者が、開発内容に応じて、自ら進んでリーダー的役割を果たしたり作業を請け負ったりと、自律的に動くことをいう。ウォーターフォールモデル開発が、階層構造の体制をとり、トップダウンの指示と承認により開発を進めるのに対して正反対である。

アジャイル開発では、その開発に必要なタスクは開発チームが決め、品質や生産性を向上するために必要と思われることは、開発チームの裁量で実施してよい。自分の仕事は、自ら手を挙げて自分で決める。開発チームの裁量が認められている代わりに、常に改善し続けることが開発チームに求められる。したがって、ウォーターフォールモデルのトップダウン指示による開発に慣れている技術者にとっては、大きなマインドチェンジが求められる。

また、アジャイルの開発チームには、マネージャー役は登場しない。アジャイル開発の代表的な開発技法であるスクラムでの登場人物は、プロダクトオーナー、スクラムマスター、そして開発チームの3種類である。スクラム以外の方法論でも同様である。スクラムマスターをマネージャー役と誤解しがちだが、スクラムマスターは開発チームを支援する役である。

1.5▶日本におけるアジャイル開発の普及状況

(1) 日本のアジャイル開発への取組み

図1.7は、主として欧米企業のアジャイルチームの比率の推移を示したグラフである。出典は、1.2節(2)でも参考にしたVersionOneのアジャイル開発に関する年次アンケート調査レポート[9]である。調査年によって多少回答の揺れがあるものの、最近の2017年および2018年を見ると、自社がすべてアジャイル開発と回答した企業は、全体のほぼ1/4である。自社の半分以上がアジャイル開発と回答した企業は、全体のほぼ1/2である。一方、まったくアジャイル開発をしていない企業は、全体の2〜4%である。また、すでに2015年時点において、ほとんどすべての96%の企業が実際にアジャイル開発に取り組んでいることがわかる。

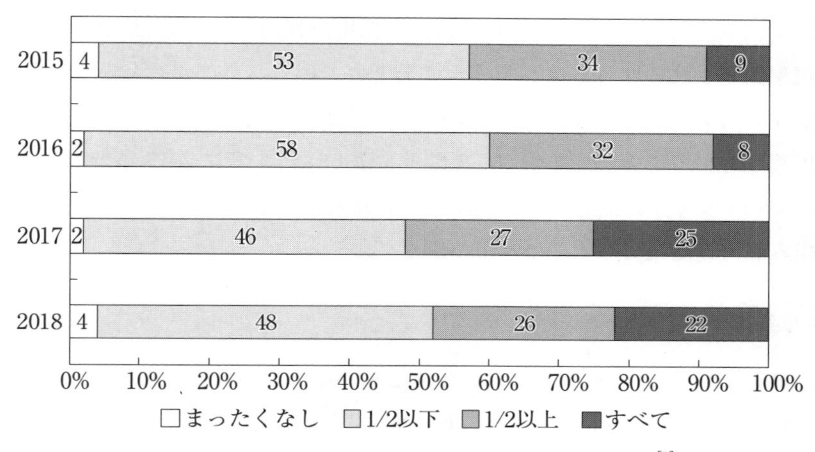

図 1.7 主として欧米企業のアジャイル開発の比率[9]

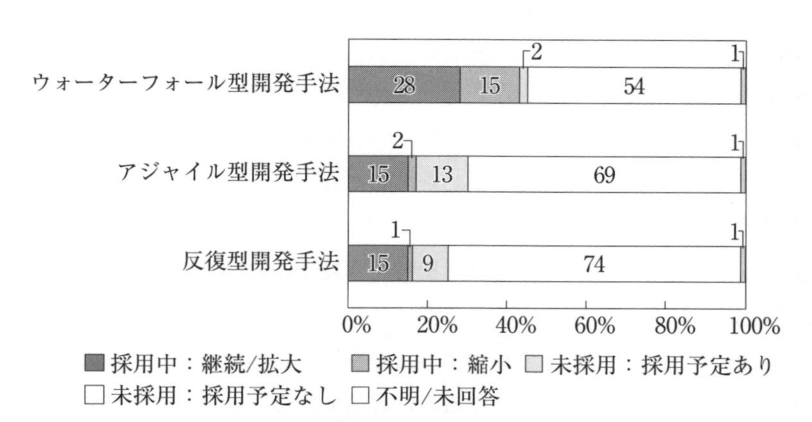

図 1.8 日本企業における各開発手法に関する現在および今後の方針[14]

一方、日本の状況はどうだろうか。図 1.7 と直接対比できるようなデータはないものの、**図 1.8** から状況をうかがい知ることができる。図 1.8 は、2018 年に日本企業における各開発手法に関する現在および今後の方針を調査した結果である。図 1.8 によると、アジャイル開発を採用中なのは今後継続 / 拡大および今後縮小を合わせて 17%、アジャイル開発を未採用だが採用予定ありが

13%である。一方、アジャイル開発を未採用で採用予定なしは69%である。反復型開発手法の回答もアジャイル開発と似ている。ここからわかることは、アジャイル開発を採用済の企業はわずか17%、採用予定を含めても全体の30%程度ということである。図1.7に示すように、すでに2015年時点で96%の企業がアジャイル開発に取り組んでいる欧米企業と比較すると、日本企業の取組みが大きく見劣りすることがわかる。

(2) 産業構造

日本においてアジャイル開発が普及しているとはいえない段階にある理由の1つは、開発者がITベンダーに集中する社会構造にあるといわれている。

表1.5によると、アジャイル開発が先行する米国では、IT技術者の72%がユーザー企業に所属する。一方、日本はそのまったく逆の状況で、IT技術者の75%がITサービス企業に所属する。アジャイル開発の特徴の1つは、顧客と開発チームがワンチームとなってフェイストゥフェイスで話すことによって、要求の変更にすばやく対応することにある。顧客と開発チームが受注関係にあれば、フェイストゥフェイスで話したとしても、ワンチームという一体感をもつまでには時間がかかる。ユーザー企業にIT技術者が多く所属すれば、社内にアジャイル開発チームを作るのは比較的容易となる。しかし、ユーザー企業にIT技術者が少ない日本のような環境の場合は、ユーザー企業はITサービス企業にソフトウェア開発を発注するしかなく、必然的にアジャイル開発が目指すようなワンチームの関係になるのは容易ではないということである。ここで注目すべきは、日本と同じ社会構造にあるブラジルにおいて、アジャイル開

表1.5　各国のIT開発者の所属企業別比率[15]

	米国	中国	ブラジル	日本
ITサービス企業	28%	72%	75%	75%
ユーザー企業	72%	28%	25%	25%

発の適用がそれなりに進んでいるという点である。その理由の一端は、政府調達がアジャイル開発の採用を要求しているためといわれている。また、最近日本では、社会のデジタル化の影響で、ユーザー企業がIT技術者を採用する傾向が進んできた[16]。こうしたことから、日本は今まで社会構造的にアジャイル開発が普及しにくいといわれてきたが、今後は必ずしも決定的な理由にはならないと考える。

(3) 実はアジャイル開発に向いている日本人

アジャイル開発フレームワークで有名な「スクラム」が、実は日本人の野中郁次郎氏のアイデアから考案されたことをご存じだろうか。スクラムを考案したジェフ・サザーランド氏が、野中氏の論文[17]の提案をソフトウェア開発へ応用し、それをスクラムと名付けたのである。その野中氏の論文は、製造業の新製品開発プロセスに関するもので、日本の新製品開発を高く評価し、以下に示す日本型の特徴が「ラグビーのようにチームで一丸となってボールを運んでいる」ことから、その新製品開発プロセスをスクラムと命名したのである。

- さまざまな専門家が1つのチームを組み、最初から最後まで一緒に働く
- 自律的に動ける環境を与えることでブレークスルーが起こりやすく、製品化までの時間が短縮できる

上述する特徴は、日本人が得意とするすりあわせ[18]と呼ばれる方法である。協力してよいものを作る、常に改善するといった行動は、日本人にとって自然な行動と思う。たとえば、重大バグが出ると、バグ分析をしてプロセス改善に結び付けるのは、比較的日本のどの企業でも行われている[5]が、これを海外で実行しようとしたら、現場の大きな抵抗に合うのは、多くの方が経験していることだろう。また、よいものを作るために関係者が集まってレビューすることは、日本では当たり前に行われている[5]が、海外では意識して進めなければなかなか実行できない。アジャイル開発で提案されているプラクティス(開発習慣)のなかには、日本で当たり前に行われていることがいくつかある。たとえば、バグの根本原因の分析、バグを見つけたら即修正、改善活動を包含、単体

テスト、コーディング規約などである(第3章参照)。これらは、日本では比較的自然に行われているが、実はグローバルでは当たり前ではないことを示すものだと思う。こうした面から、日本とアジャイル開発はもともと親和性が高いと考えられる。日本でアジャイル開発が普及したら、日本のアジャイル開発は、世界で尊敬される存在になるのではないだろうか。

第2章

アジャイル開発を取り巻く課題

本章では、アジャイル開発を取り巻く課題を解説する。アジャイル開発は、アジャイル(機敏な、素早いという意味)という名前が魅力的なので、それだけで従来よりもよくなる気がしてしまう[19]。しかし、アジャイル開発の目指すところは楽園だが、まだ道半ばというのが実情である。アジャイル開発の課題は多岐にわたっている。アジャイル開発への理解が不十分なために発生する失敗や誤解、アジャイル開発のメリットとデメリット、アジャイル開発が普及している欧米で起こっている課題を説明する。

2.1▶アジャイル初心者が陥る誤解や失敗

本節では、アジャイル初心者を中心とした層でよく見られる誤解や失敗を説明する。これらは、現在のアジャイル開発のもつ本質的な課題につながるものでもある。

(1) アジャイルっぽく開発しています

アジャイル開発の適用状況を質問したときの返答に、「はい、アジャイルっぽく開発しているチームはたくさんありますよ」というものがある。

ソフトウェア品質を専門とする筆者の立場からいえば、「アジャイルっぽい開発」という用語が会話で使われる場合は、品質面では危険信号と考えてよい。それはたとえば、プロトタイプ(試作品)がいつのまにか本物になってしまった開発とか、仕様書は書かない開発などが該当する。「テキトーな」開発とアジャイル開発は別物である。職業的にソフトウェア開発をする場合、一定の品質確保が必須である。プロトタイプはあくまで試作品でしかなく、最終版のソフトウェアにはなり得ない。プロトタイプは、たとえば正常系の主要機能は動くが、異常系機能が設計されていないといった段階のはずである。また、仕様書がなければ、開発者が入れ替わった際に改修開発が滞るし、保守にも影響が出る。「アジャイルっぽい開発」は、いずれ顧客からのクレームなど大きな問題を引き起こすはずである。

ただし、本節で指摘したい課題は、「アジャイルっぽい開発」により発生してしまう品質問題というより、「アジャイルっぽい開発」を許容しかねない、あるいはそれと区別がつきにくいアジャイル開発の現状のほうである。

第1章で説明したとおり、アジャイル開発に関して、世の中で合意されたものは、アジャイルソフトウェア開発宣言(図1.1)とアジャイルソフトウェアの12の原則(図1.2)以外にない。したがって、10人いれば10通りのアジャイル開発に対する解釈と実現方法が生まれる。このアジャイル開発の解釈の幅の広さは、大きな工夫の余地が認められる面、「何をしてもアジャイル開発と称することができる」という問題を生む。しかも、アジャイル開発では開発チームに大きな権限が与えられており、成功するために必要なら何をしてもよい。そして、開発チームに権限があるだけに、外部からのチェック機能が働きにくい。実際、プライドの高い開発チームだと、外部からのチェックを拒否することさえある。結果として、開発方法は開発チームに一任されてしまう。仮にプロトタイプがいつのまにか本物になってしまった開発であったとしても、それを止めるすべがない。要するに、「勝手な解釈のアジャイルっぽい開発」と、「きちんとしたアジャイル開発」の見分けがつきにくいということだ。

その結果起きるのは、世の中のアジャイル開発への懸念や評判の低下である。アジャイルで開発したソフトウェアの品質に疑問符がつき、アジャイル開発そのものが敬遠されてしまいかねない。あるいは、顧客から、アジャイル開発で品質が確保されていることについての説明を求められるようになる。しかし、優秀な開発チームであれば、開発対象に合わせた品質保証を的確に実施し、顧客へ説明可能かもしれないが、すべての開発チームがそれをできるわけではない。開発チームに一任されたままで、顧客から急に説明を求められれば、開発チーム自身ができる範囲の説明に限られてしまう。説得力のある説明には、今までの組織としての実績や他との比較といった客観的な視点が欠かせない。比較するには事前に比較できるよう条件を揃える工夫が必須だが、アジャイル開発ではそれが難しい。ではどうすればよいのか、という足踏み状態が、日本でアジャイル開発の普及が進まない理由の一端だろう、と筆者は推測する。

(2) それはアジャイルではない

「それはアジャイルではない」というセリフも、アジャイル開発ではよく耳にする。たいていの場合、アジャイル開発の自由度を制限しているように見える場合に使われる。典型的な例は、アジャイル開発のガイドラインを作成して適用するようなケースである。特に、アジャイル開発経験がない段階でガイドラインを作るケースに対しては、厳しい指摘が出る。開発チームは、開発を成功するためなら何をしてもよい、と権限委譲されているのがアジャイル開発なのに、何も知らずにそれを制限するようなガイドラインとはいかがなものか、というのがこのセリフの意図するところと思う。ここで筆者が指摘したいのは、そのセリフの根拠である。

これも、アジャイル開発として合意されているのが、アジャイルソフトウェア開発宣言と12の原則の２つだけということに起因する問題に見える。合意された２つには、ガイドラインを否定するような記述はない。あえていうなら、アジャイルソフトウェア開発宣言の価値の４つ目、「計画に従うことよりも、変化への対応を」が該当しそうだが、これもドキュメント不要論が誤解であるのと同様に、左記のことがら(計画に従う)に価値があることは認めているはずである。むしろ、「アジャイル＝機敏な、素早い」というアジャイルという言葉が本来もつ意味に対して、対極にあるのが「従来のウォーターフォールモデル＝重い、形骸化、鈍重」と解釈して、ガイドラインは従来指向のものだから違うと言っているに過ぎないのではないか。やってみなければわからないのはそのとおりだが、組織として失敗を避けたい、というのもビジネス上では当然の要求である。アジャイル開発の定義さえ合意されたものがない現在、「それはアジャイルではない」というセリフは、個人的な意見にすぎない。

筆者が問題にしたいのは、「それはアジャイルではない」に類するセリフが、むしろアジャイル開発の自由な発展や普及を阻んでいるのではないかと思われることである。アジャイル開発にはすばらしい可能性を感じるが、まだ課題が多いのも事実である。その課題解決のためには、挑戦が必要だ。上述したように、筆者は、アジャイル開発かどうかという問題は、アジャイルソフトウェア開発宣言と12の原則に基づいて各自が判断すればよいと考える。すでに世の中に提案されているアジャイル開発技法でさえ、多くのさまざまなものがあるのだ。それが自然に淘汰されて、図1.3(1.2節(2)参照)に示すような適用状況になっている。もし本当にアジャイル開発といえないようなガイドラインであれば、同様に自然に淘汰されていくはずである。

2.2▶アジャイル開発のメリットとデメリット

本節では、アジャイル開発を実施するうえで注意すべきメリットとデメリットをさまざまな観点から考察する。アジャイル開発は、アジャイルという名前そのものがマーケティング的な意味ですばらしいので、誰もがアジャイルでありたいと思わせてしまう[19]という特徴がある。しかも、アジャイル開発を語る場合に、「アジャイル＝機敏な、素早い」に対して、「従来＝重い、形骸化、鈍重」と対比させて論じることが多いため、アジャイル開発こそが究極の解決方法のように聞こえて、アジャイル開発そのものがもつデメリットを正面から語っているものは少ないと思う。しかし、名前に惑わされることなく、建設的にアジャイル開発のメリットとデメリットを理解し、事前に対策を講じる必要がある。**表 2.1** にアジャイル開発のメリットとデメリットを示す。

(1)　経営

アジャイル開発のメリットは、何といっても短期間でソフトウェアを開発して提供できることにある(表 2.1 ①)。ウォーターフォールモデルと比べて、確実に新機能の提供までの期間が短い。新機能に対する顧客の反応を素早くフィードバックすることができる。また、要件一覧であるバックログを常に最新状態に保持することで、優先順位の高い機能から提供できるようになるため、顧客から見ると提供スピードがより速く感じられる。このように今ほしい機能を提供し続けることで、その組織は、ビジネス環境の変化に敏感に反応し、すばやく対応していると、外部から評価されるようになる。

一方デメリットは、経営視点から見たとき、長期的な投資対効果を見極めにくいことが挙げられる(表 2.1 ②)。常に優先順位の高い機能から作るのはよいことだが、1 年といった長期的な単位での成果をあらかじめ約束しにくい。この点、計画駆動開発であるウォーターフォールモデルは、あらかじめ長期間の投資対効果を明らかにして開発に着手するため、経営視点で投資判断しやす

表 2.1　アジャイル開発のメリットとデメリット

観点	メリット	デメリット
経営	①　短期間で新しい機能の提供が可能である	②　臨機応変に開発する機能を決めていくために、逆にあらかじめ投資対効果を示すのが難しく、長期的な投資判断をしにくい
		③　アジャイル開発を効果的に実施するために、従来以上に新しいツール・技術の導入やトレーニングへの継続的な投資が欠かせない
ソフトウェア開発	④　顧客が認識できる外部仕様の単位で縦割りに開発するため、提供スピードが速く見える	⑤　顧客から見えない内部構造の変更をすると、顧客からは、開発が停滞しているように見えてしまう
開発チーム	⑥　開発チームの裁量範囲が広く、開発チームの満足度が高い	⑧　ウォーターフォールモデル開発に比べて、スキルレベルの高い開発者が必要である
	⑦　開発チームは自己組織化し、常に改善が回る	⑨　開発チームが自己組織化することを前提としているが、必ずしも自己組織化できるとは限らず、プロジェクトの成否が開発チームの実力に依存してしまう
顧客	⑩　顧客が、ほしい機能を直接要求できる	⑪　顧客が開発チームとともに活動することを求められる
品質保証	⑫　適用するプラクティスによって、品質保証の工夫ができる	⑬　プラクティスの実施内容は、開発チームのスキルレベルに大きく依存する
		⑭　顧客の納得を得られる品質保証方法が確立していない
組織的改善	⑮　事例共有を活発に行う	⑯　成功パターンの標準化と適用などの組織的底上げをしにくく、開発チームの自律的な活動に頼らざるを得ない

い。アジャイル開発のこの問題に対応するため、アジャイル開発の計画立案については、いくつか提案が出てきている[20]。

また、アジャイル開発はツールによる支援を前提としていて、ツール購入だけでなくそのトレーニングが必要である。さらに、アジャイル開発の効果を高めるために、新しい技術やツールへの追随も欠かせない。したがって、従来以上に開発環境やトレーニングに対する継続的な投資が欠かせない(表 2.1 ③)。アジャイル開発へ造詣の深い経営者ならば、技術的な継続投資の必要性を理解するので問題にならないが、そうでなければこれは経営者の理解を得るのに時間がかかるだろう。

(2) ソフトウェア開発

アジャイル開発での提供スピードの速さを実現するには、要件の切り方の工夫も重要である。アジャイル開発では、顧客の認識できる機能の単位で縦割りに機能を作ることを推奨している。ホールケーキを作るのに、下からだんだんに積み重ねて作るのでなく、切り分けたケーキ一片ずつを開発していこう、という発想である(**図 2.1** 参照)。このため、顧客から見ると、目に見える機能がどんどんでき上がるように見えるのである(表 2.1 ④)。アジャイル開発で

図 2.1　アジャイル開発での要件の切り方

「顧客へ価値を提供する」という表現が使われるのは、顧客へ目に見えるような形で新しい機能を提供する姿勢の結果と思われる。

一方、提供スピードを速く見せる要件の切り方は、性能改善などの非機能を中心としたソフトウェア内部の実装方法への変更を取り組みにくくする(表2.1⑤)。ホールケーキ作りに例えるなら、ケーキの厚みを横に切ったような要件の切り方になるということだ。内部構造の変更は、見た目の変化がないために、顧客からは開発が停滞しているように見えてしまう。しかも、こうした内部構造の変更は、ソフトウェア開発では必ずといってよいほど起きる。たいていの場合、開発難易度が高いので開発に時間がかかる。しかしながら、この重要な問題に正面から向き合って、解決方法を提案しているアジャイル開発技法は見当たらない。おそらく技術的に解決方法がないからだと思う。少なくとも開発チームは、顧客から見えない内部構造の変更が発生しうることを理解しておかなければならない。そして、それが必要になった場合は、誠意をもって顧客に説明し、理解してもらうしかない。

(3) 開発チーム

開発チームの視点から見ると、アジャイル開発は、開発チームの裁量範囲が極めて広く、自由度が高い(表2.1⑥)。開発チーム員一人ひとりが尊重され、チーム員の満足度が高くなる。開発チームの自己組織化を前提としており、開発チームは自律的に自分たちのやり方を調整し、改善していく(表2.1⑦)。技術者にとって、意欲に満ちた理想的な環境である。

一方、現実は厳しい。自由度の高さを実現するために、自ずと開発チームを構成する技術者に対する要求は高くなる(表2.1⑧)。アジャイル開発では、現場の上位60%の技術者で構成された開発チームが、最も成功する確率の高い条件の開発チーム(1.3節(2))といわれている。ウォーターフォールモデルの開発チームが、現場の技術者の下位20%以外であれば許容できるのと比べると、かなりの違いがある。

さらに、開発チームへ求められている自己組織化は、大きな問題である(表

2.1 ⑨)。日本のソフトウェア業界の多重下請構造で働いてきた技術者へ、いきなり自律的に動くことを求めても、すぐに対応できる人は限られる。ほとんどの技術者は戸惑うだけで、開発チームの誰かが発言するのを待つお見合い状態になってしまう。これは筆者の経験から明らかである。技術者の中には、そのうち自律的に動くようになる人も出てくるだろうが、時間がかかる。どのアジャイル開発方法論も、開発チームの自己組織化を前提としていることに注意してほしい。

要するに、アジャイル開発のメリットを享受するには、1年、2年かけて開発チームが自己組織化するのを待つ必要があるということだ。自己組織化できない開発チームでは、自律的な改善どころか、開発そのものが進まず、収拾がつかなくなる。自己組織化できるかどうかは、結局、開発チームの実力に依存する。

(4) 顧客

顧客から見たとき、アジャイル開発のメリットは大きい。顧客自身が次の開発項目を決めて、開発チームに直接依頼できる。従来の調整や計画見直しなどが不要で、その時点で最もほしい機能から手に入れることができる(表 2.1 ⑩)。

一方、そのメリット実現のためには、顧客側に開発チームとともに活動できる人材を準備する必要がある。もし、顧客側に適した人材がいないか割り当てられなければ、アジャイル開発のメリットを活かすのは難しく、逆にそれが負担になりかねない(表 2.1 ⑪)。

(5) 品質保証

アジャイル開発では、開発対象ソフトウェアに適したプラクティスを選択することによって、的確な品質保証を実現する(表 2.1 ⑫)。したがって、開発チームがそのプラクティスを確実に実行しているかどうかが、的確な品質保証の実現のカギになる(表 2.1 ⑬)。たとえば、テスト自動化というプラクティスを適用していても、実際にはテスト自動化ができていないか、自動化率が低ければ、そのプラクティスによる効果は得られない。今、テスト自動化できているのが全体の10%だとしたら、それでテスト自動化しているといえるだろうか。10%であってもテスト自動化しているのだから、自分たちはテスト自動化していると開発チームが主張したらどうだろうか。テスト自動化は10%でも、残りは手動でテストしているからテストは十分、と言ったらどうだろうか。

要するに、プラクティスを選択しただけでは、そのプラクティスを実施していることにならない。テスト自動化は、常に動くソフトウェアであることを保証するための重要なプラクティスであり、テストを自動化して常時実行しているからこそ常に動くことを証明できるのである。その理解がなければ、テスト自動化10%の意味するところを誤解しかねない。プラクティスの実施程度は、関係者全員が事実を共有して納得する必要がある。

また、現時点において、顧客の納得が得られるようなアジャイル開発の品質保証方法は確立していない(表2.1⑭)。本書は、その課題の解決に挑戦している。

(6)　組織的改善

アジャイル開発で成功するヒントを得るために、事例発表会などの勉強会を開催することがある。アジャイル開発の成功事例を共有し、各技術者が学ぶ機会を作るのである(表2.1⑮)。ウォーターフォールモデル開発の世界では、事例共有もさることながら、成功事例を標準化して他のプロジェクトで再現できるように仕組み化する取組みが行われる。しかしアジャイル開発の世界では、そのような方法は好まれない(表2.1⑯)。技術者が自律的に動く機会を与えることにより、アジャイル開発のプロジェクト成功率を上げていくことをねらうのである。この課題解決への糸口は、次の2.3節で述べる。

2.3▶海外事例に見るアジャイル開発の課題

本節では、海外でのアジャイル開発の課題を紹介する。表2.2は、海外におけるアジャイルの導入・大規模化を阻む課題をまとめたものである。出典は、VersionOneが実施している年次のアジャイル開発に関するアンケートによる調査レポートである。回答内容の推移を理解していただくために2017年と2018年の回答を併記した。

(1) トップ3は組織文化にかかわる課題

表2.2によると、パーセンテージの数字は多少異なるものの、2017年と2018年の回答順位には変化がない。課題のトップ3は、組織文化や組織の抵

表2.2 主に欧米企業におけるアジャイルの導入・大規模化を阻む課題[9]

No.	アジャイルの導入・大規模化を阻む課題	2018	2017
1	組織文化とアジャイルの価値感がかみ合わない	52	53
2	変化に対する組織の抵抗	48	46
3	マネジメントの支援やスポンサーシップが不十分	44	42
4	アジャイルメソッドのスキルや経験の不足	40	41
5	トレーニングや教育が不十分	36	35
6	プロセスやプラクティスがチーム間でバラバラ	35	34
7	ビジネス・顧客・プロダクトのオーナーをあまり活用できない	32	31
8	従来の開発方法が普及している	28	30
9	バラバラのツールや、プロジェクト独自のデータ計測	26	24
10	コラボレーションやナレッジ共有が非常に少ない	24	21
11	法規制の遵守や官給品	16	14

単位：%　複数回答可

抗、マネジメント支援といった組織文化にかかわる問題である。特に1位の「組織文化とアジャイルの価値観がかみ合わない」と、2位の「変化に対する組織の抵抗」が、欧米企業においてトップ課題であり、しかも回答者の50%近い方が課題だと回答していることは、非常な驚きである。実は、この調査レポートが初めて発行された2006年から、組織文化にかかわる問題は、継続してトップ課題である。本書の読者の中には、アジャイル開発が日本で広まらず、欧米で普及しているのは、欧米特有の文化特性の影響と考えている方がおられるかもしれない。しかし、このアンケート結果を見るかぎり、欧米でのアジャイル開発への抵抗感は、日本と変わらないように思う。

(2) 4位〜6位はスキル、教育、仕組みにかかわる課題

4位〜6位はスキル、教育、仕組みにかかわる課題である。本アンケートの回答企業のアジャイル開発への取組み(1.5節(1)参照)を見ると、2018年のアンケート回答者が所属する企業の約半分は、すべてアジャイル開発であるかまたは社内の半分以上のチームがアジャイル開発を採用しており、まったくアジャイル開発をしていないのはわずか4%である。これほどアジャイル開発の採用が進んでいる企業の所属であっても、アジャイル開発の経験や教育不足を指摘する回答者が、未だに35〜40%程度存在する。アジャイル開発の経験や教育不足の問題は、かなり根深く、継続的に取り組む必要があると考えるべきであろう。アジャイル開発のメリット・デメリット(表2.1)で、経営視点のデメリット③に技術導入やトレーニングへの継続投資の必要性を挙げたのは、このような背景にもとづくものである。

(3) 個々の取組みと組織的な取組みのバランスの必要性

6位の「プロセスやプラクティスがチーム間でバラバラ」という回答は興味深い。9位にも「バラバラのツールや、プロジェクト独自のデータ計測」と似たような課題が挙がっている。組織でツールやプラクティスがばらばらであることを課題視する開発者が全体の約30%存在するのである。アジャイル開発

は、開発チームの自由裁量でプロセスやプラクティスを決めることができるので、チーム間でバラバラになるのは当たり前なのだが、バラバラであること自体が課題として指摘されているのだ。

これについて、アンケートを主催するVersionOneのLee Cunningham氏は、「独立した複数の草の根アジャイル活動が時間の経過とともに形成されて、それぞれが異なる規範とさまざまなツールを備えるようになると、それらを取りまとめて、統制の取れた方法でアジャイルの力を活用したくなる」場面がくると答えている。そして「すべてのチームが同じ方向に進むために必要な共通性を育み、なおかつチームのアイデンティティを損なわないためにはどうすればよいか？」を考えながら、「全体に共通する要因の改善機会を明らかにする」ために、「組織的なリーダーシップによって—無理強いするのではなく—主体的に実施」し、「うまくいっていないことを止める意思を持たなくてはならない」と答えている[21]。

すなわち、開発チームの裁量権を支持したうえで、アジャイル開発でも組織で統一すべき規範、ツール、データ計測などがあると言っているのだ。10位の情報共有の少なさに関する課題も、アンケート回答の意図は同じだろうと推察する。成功や失敗の経験を共有し、先行する開発チームの成功経験を初めから採用して、ムダな失敗は避けるほうが合理的だからである。組織が成功事例にもとづき標準化を進めることによって、成功パターンを再現できるようにし、組織のプロジェクト成功率を向上させるのは、組織的改善の基本中の基本であり、アジャイル開発も例外ではないということだ。ここでアジャイル開発での解くべき課題は、開発チームの自由裁量権と組織的な統一とのバランスであろう。

第3章

アジャイル開発における品質保証の実態

世の中では、どのようにアジャイル開発で品質保証しているのか、知りたい読者は多いと思う。正直なところ、世の中を見渡してもそれほど画期的なアイデアがあるわけではない。細かい工夫を積み重ねて品質保証しており、まだまだ改善の余地はありそうだ。

本章では、世の中で提案されているアジャイル開発の品質保証方法を調査した結果を説明する。調査対象は、アジャイル開発宣言が発表された2001年以降の日本や海外の論文、Webサイトや書籍である。日本でのアジャイル開発の品質保証に焦点を当てた論文は、近年ようやく増えてきた段階である。このため、主に欧米の状況を中心に述べる。なお、本章は、多くをSQuBOKスタディチームによる研究成果[22]を参考にした。

3.1▶効果が出るプラクティスの工夫

アジャイル開発の品質保証に関する最も多い提案は、採用するプラクティスを工夫して品質保証するという方法である。アジャイル開発の品質保証のために採用が提案されている主なプラクティスを表3.1に示す。挙がっているプラクティスは、「チーム全体(Whole team)」、「バグを見つけたら即修正」、「改善活動を含有」の3つである。どれも日本ではほぼ当たり前に実施されている活動と思う。ただし、プラクティス実施時の細かい工夫によって、新たな効果が期待できる可能性はある。

(1)　チーム全体(Whole team)

「チーム全体(Whole team)」[4]は、アジャイル開発の重要な考え方の一つである。チーム全体とは、開発者と品質保証を専門に担当する技術者(以降、QA(Quality Assurance)技術者と呼ぶ)はもちろん、プロダクトオーナーやビジネスアナリストなどそのソフトウェア開発に必要なメンバー全員が、1つのチームとして動くという意味である。品質確保は、QA技術者だけが取り組むものではなく、開発者自身が自ら取り組まなければ実現しないことは、従来か

表3.1　品質保証のために採用されている主なプラクティス

No.	プラクティス	内容
1	チーム全体(Whole team)	開発者、プロダクトオーナー、ビジネスアナリストなど、そのソフトウェア開発に必要なメンバー全員が、1つのチームとして働く。 QA技術者も1つのチームの一員として働く。
2	バグを見つけたら即修正	文字どおり、バグを見つけたら即修正する。これにより、常にクリーンなコード上で開発できるようになり、さらなるバグの作り込みを抑えることができる。
3	改善活動を包含	アジャイル開発で前提とする継続的改善を意味し、具体的にはバグの根本原因分析を挙げる事例が多い。

ら指摘されていることである。しかしながら、開発の現場でそれが理解されないことがあるのは事実であり、それがQA技術者と開発者との「壁」として問題になることがある[23]。したがって、「チーム全体」のコンセプトは、品質に注意を払うのはQA技術者だけでなく顧客を含めたチーム全体だ、と全員が合意することを意味する。

「チーム全体」のコンセプトに基づき、QA技術者がチームの一員として動くだけにとどまらず、QA技術者と開発者がペアを組んで開発を進めるという方法も数多く提案されている[24][25]。この方法は、QA技術者が開発チームの関係者としてでなく、開発チームの一員として動くことを意味する。これにより、QA技術者は、開発終了時ではなく、常に機能仕様を確実に理解することができるため、機能仕様の誤った理解が減り、QAテストを実施するQA技術者と、開発者のムダなやり取りが大幅に減少したという事例の報告もある[24]。

(2) バグを見つけたら即修正

「バグを見つけたら即修正」するという考え方[4]は、日本では比較的当たり前に実践されていると思われるが、実は世界的には当たり前ではなく、品質保証のプラクティスとして提案する事例は複数ある[24][26]。このプラクティスの採用により、バグは検出されれば即修正されるため、開発チームは常にクリーンなコード上で開発できるようになり、さらなるバグの作り込みが抑えられる[26]。この考え方が有効に働けば、既知のバグが修正されないまま出荷されることはなくなるはずである[24]。

「バグを見つけたら即修正」するという考え方を採用して、毎日2回、同じ時刻に開発チームが集まって、その時点に発生しているバグを議論することにより、開発者自身がバグパターンを見つけ出し、バグを作り込まなくなる効果を挙げた事例も報告されている[27]。

現場では、出荷間際に未修正バグの修正優先順位を調整することがある。これは、未修正バグが積み重なった結果、すべてのバグを修正して出荷するのが難しいために、納期との調整をせざるを得なくなるためである。これに対して「バグを見つけたら即修正」するプラクティスを採用すると、常に未修正バグがない状態を保てるため、このような出荷間際の調整が不要となるという効果が期待できる[24]。

(3) 改善活動を包含

アジャイルソフトウェアの12の原則の12番目に、「チームがもっと効率を高めることができるかを定期的に振り返り、それに基づいて自分たちのやり方を最適に調整します」とある。このように、アジャイル開発は、継続的改善を前提としている。そのためのプラクティスとして、振り返り、レトロスペクティブなどがある。

XPでは、バグの根本原因分析をプラクティスとして提案している[4]。また、バグの根本原因分析に基づくフィードバックにより、継続的改善が期待できるという事例もある[27]。バグの根本原因分析に基づく改善の取組みは、日本のウォーターフォールモデル開発では広く採用されている。それとの違いは、アジャイル開発では開発チームが自律的に継続的改善に取り組む点にある。

3.2▶開発プロセスへのQAテストの組込み

QAテストとは、要件が作り込まれたことを確認するための出来上がったソフトウェアに対するテストであり、開発チームとは別の品質保証チームが実施することが多い。QAテストの組込みとは、アジャイル開発のプロセスの中に、開発者とは別の品質保証チームによるQAテストを組み込むという提案である。QAテストは、ウォーターフォールモデル開発では、日本の大企業を中心に以前から実施されている。そのQAテストをそのままアジャイル開発のプロセスへ適用する提案である。

図3.1に、アジャイル開発の品質保証の仕組みをスクラムで実装した例[23]を示す。この例では、図右上の「機能的受入テスト」および「品質テスト」を品

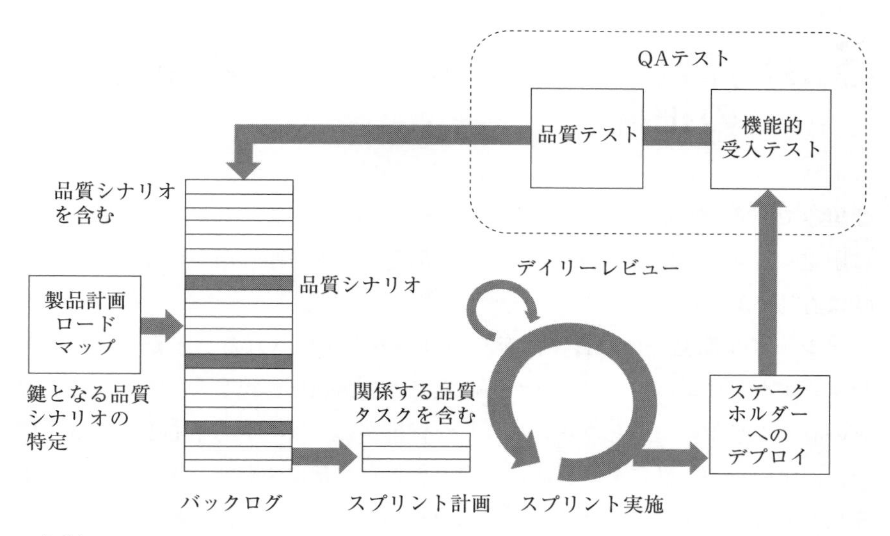

出典） Joseph Yoder, *et al.*：“QA to AQ-Patterns about transitioning from Quality Assurance to Agile Quality－”, 3rd Asian Conference on Pattern Languages of Programs（AsianPLoP）, 2014 を筆者が翻訳・一部追加したもの

図 3.1　アジャイル開発への QA テストの組込み[23]

質保証活動として説明している。毎回のスプリントで動くソフトウェアが開発され、それを入力として、「機能的受入テスト」および「品質テスト」を実施する。これらのテストの結果、検出した課題は「品質シナリオ」として要件リストであるバックログに組み込まれ、優先順位に従ってスプリントで実装される。この仕組みが回ることによって、アジャイル開発の品質保証を実施するのである。さらに、受入テストをスプリントごとに実施して細かく対応するなどの工夫により、品質保証活動を日々の開発作業に組み込んで、早期に課題を洗い出すことをねらった仕組みが数多く提案されている[23][24][25][26]。

3.3▶品質ダッシュボードによる開発状況の把握

品質ダッシュボードとは、ツールなどで計測した結果を1箇所に表示する仕組みである(図3.2)。品質ダッシュボードそのものは、アジャイル開発だけに限定するものではないが、アジャイル開発ではツール利用が前提となるため、特に有効である。

アジャイル開発では、日々、新しいコードが開発されることから、静的解析ツールなどによって、コードから測定できる情報を監視することが、品質保証の有効な手段の一つとなる。こうした背景から、コードを中心とした測定値を、測定のたびに品質ダッシュボードへ更新し、常に開発状況を把握できるようにした仕組みの提案が多い[23][26][28]。静的解析結果からよくあるコーディングの誤りを抽出して、コーディングルールを継続的に見直すことにより、コード品質の向上をねらう仕組みの提案もある[28]。このように、アジャイル開発では、コードを中心とした測定値を日々収集し、活用する品質保証活動が可能である。ウォーターフォールモデル開発では、コードが作成されるのがテスト開始直前と遅いことや、コード測定値の計測環境が整備されているとは限らないため、コードに注目した品質保証が前面に出てくることは少ない。

品質ダッシュボードへ掲載する内容としては、コードを中心とした測定値

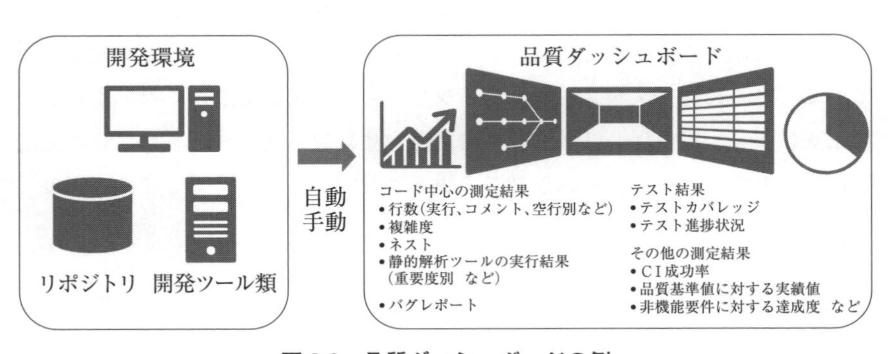

図3.2　品質ダッシュボードの例

に加えて、CI(Continuous Integration：継続的統合)の成功率や、品質基準値に対する実績値、非機能要件の達成状況などを載せて、開発状況全体が把握できるように工夫している[23]。

3.4▶アジャイル開発に役立つメトリクス

アジャイル開発でよく使用されるメトリクスを説明する。

(1) ストーリーポイント

アジャイル開発のメトリクスの特徴として、その開発チーム内だけに通用する相対値を使うという点が挙げられる[29]。ストーリーポイントがその代表例である。ストーリーポイントとは、その要件を実現するのに必要な作業量の相対値である[30]。要件をバックログ項目と呼び、基準となるバックログ項目に対して、当該バックログ項目を実現するには何倍かかるかを相対的に見積もる。その相対値がストーリーポイントである。基準となるバックログ項目は、その開発チームメンバー全員が想定できるものを選ぶ。したがって、ストーリーポイントは、その開発チーム内でしか通用しない。

アジャイル開発でストーリーポイントを使用する理由は、開発チームにとって見積もるのが簡単で有効だからである。工数(人時)での見積りは、正確性を要求される。見積りと実績に差があればその違いの見解を求められる。ストーリーポイントであれば、そのような事態を招くことなく、開発チームだけに通用して、しかもわかりやすい尺度である。

(2) ベロシティ

1回のスプリントで完了したストーリーポイントの合計値をベロシティ(速度)と呼ぶ。開発チームのベロシティを継続的に追跡することにより、その開発チームが開発できる量(開発できる速度)が把握できるようになる。1回のスプリントで開発できる量を示すベロシティは、スプリントの期間が開発チームによって異なるうえに、分子のストーリーポイントが相対値であるため、ベロシティも、その開発チーム内でしか通用しない。

このようにアジャイル開発のメトリクスは、当該開発チーム内でしか通用しない相対値を使用するため、そのままでは開発チーム間の比較はできない。ストーリーポイントは人時などの工数に換算できるが、スプリントの期間や適用するプラクティスなどの条件がチームによってさまざまであるため、換算しても単純に開発チーム間の比較をしにくい。

(3) ウォーターフォールモデル開発のメトリクスの利用

ストーリーポイントなどの相対値以外のメトリクスは、ウォーターフォールモデル開発と近いものも使用されている[29]。ただし、計測方法には工夫が必要である。たとえば、バグの定義そのものはウォーターフォールモデル開発とアジャイル開発で違いはない。ただし、バグとしてカウントを開始する時期は異なるはずである。たとえばウォーターフォールモデル開発では、設計仕様書の欠陥は、その設計仕様書の第1版の確定後からカウントを始める[31]といった定義例が見られる。アジャイル開発は、設計、実装、テストが同時並行的に行われるため、バグとしてカウントを開始する時期の定義が必要と思われるが、それを定義した文献はほとんどない。結果として、バグの計測方法は、開発チームごとに定義することになるため、チーム間でバグの計測方法を統一しない限り、開発途中のバグ数の比較は難しい。

(4) アジャイル開発の測定値の特徴

アジャイル開発の測定値は、同じチーム規模かつ同じスプリント期間などの条件を揃えても、ばらつきが大きいことが特徴として挙げられる[32]。この原因は、要件を小さく分解して、数日で開発できる程度の単位に分けて開発することによる影響と考えている。開発対象を小さく分解することにより、個々の開発対象の特徴が測定値へ大きく反映されてしまうのである。これに対して、ウォーターフォールモデルは開発期間が長く開発対象も大きいため、アジャイル開発ほど大きく開発対象の特徴の差が測定値へ反映されない。アジャイル開発では、このような1回の開発規模が小さいことに起因した測定値の特徴から、測定値により開発状況の十分性を判断するのが難しい。

3.5▶発展的な品質保証パターンの提案

アジャイル開発ならではの品質保証の提案もある。表 3.2 は、「QA to AQ」が提案する品質保証パターンである。「QA to AQ」とは、伝統的な品質保証(QA)からアジャイル品質(AQ)への転換、という意味である。「QA to AQ」は、アジャイル開発プロセスへ品質保証の組込みを提案しており、その核心となる考え方や活動をパターン集として体系化している。

開発チームは、表 3.2 に示す品質保証パターンを参照して、開発対象ソフトウェアや開発チームの特性を考慮し、アジャイル開発プロセスへ必要な品質保証パターンを組み込み、実行する。

たとえば、要件として明確化しにくい非機能要件に対して、QA 技術者が、プロダクトオーナーへ非機能要件の明確化を働きかけ、非機能要件を盛り込んだ品質ストーリーの作成などにより非機能要件の作り込みへ貢献したり、アジャイル着地点と呼ぶ品質基準値の定義などを実施する[23]。

表 3.2 「QA to AQ」が提案する品質保証パターン[33]

品質保証パターン		内容
中核パターン	障壁の解体 Breaking Down Barriers	開発チームにおいて品質保証メンバーと残りのメンバー間の障壁をなくし、皆が品質プロセスにかかわる
	アジャイルプロセスへの品質の組入れ Integrating Quality into your Agile Process	品質記述および理解する軽量な方法などを通じて品質保証をプロセスに組み入れる
アジャイルなあり方	チーム全体 Whole Team	品質保証活動を早期からチームに組み入れる
	品質に焦点を当てたスプリント Quality Focused Springs	品質の測定や改善に焦点を当てたスプリントを設ける
	品質保証プロダクトチャンピオン QA Product Champion	品質保証メンバーがプロダクトオーナーと協働するなどして品質保証活動において開始時から顧客要求の理解に努める
	アジャイル品質の専門家 Agile Quality Specialist	テスト戦略の説明と作成を通じて品質保証活動によりチームに経験を提供する
	品質のモニタリング Monitoring Qualities	品質のモニタリングと妥当性確認の方法を特定する
	アジャイル品質保証テスター Agile QA Tester	品質保証メンバーが開発者と密接に活動し受入れ基準やテストを定義する
	品質に関する作業負荷の展開 Spread the Quality Workload	品質に関する作業負荷を品質保証メンバー以外にも振り分ける、あるいは、品質に関するタスクを終盤のみではなくプロジェクト全体にわたり展開する
	品質熟練者の尾行 Shadow the Quality Expert	品質熟練者と協働する役を設けることで熟練者の経験を広める
	品質主導者とのペア Pair with a Quality Advocate	開発者を品質保証メンバーとペアを組ませることで、プログラミングが必要な品質関連のタスクを完了する
品質の特定	本質的な品質の発見 Finding Essential Qualities	考慮すべき重要な品質についてブレーンストーミングする
	アジャイル品質シナリオ Agile Quality Scenario	ハイレベルの(抽象度のいくらか高い)品質シナリオを作成して重要な品質を検討する
	品質ストーリー Quality Stories	測定可能な品質に焦点を当てたストーリーを作成する
	測定可能な値やシステム品質の特定 Specify Measureable Values or System Qualities	品質の値を特定する
	折り込み品質 Fold-out Qualities	ユーザーストーリーへ品質基準を添付する
	アジャイルな着地点 Agile Landing Zone	品質の発展可能な受入れ基準値を定義する
	着地点の再調整 Recalibrate the Landing Zone	測定結果やベンチマークに基づき受入れ基準値を再調整する
	品質目標の合意 Agree on Quality Targets	最低許容値〜目標値〜優良値の形で幅をもたせて受入れ基準値を定義する
品質の可視化	システム品質ダッシュボード System Quality Dashboard	品質の状況全体を総合的に可視化するダッシュボードを用意する
	システム品質ラジエータ System Quality Radiator	品質に関する情報を可視化する仕組みを用意する
	ロードマップ上の品質検討 Qualify the Roadmap	品質の組入れ・出荷時期を計画するようにロードマップを検討する
	バックログ上の品質検討 Quality the Backlog	バックログ上で優先順位づけできるように品質シナリオを作成する
	品質チャート Quality Chart	重要な品質を図やリストとして表示しチームに見えるようにする

第4章

品質保証のポイントを踏まえたアジャイル開発

本章では、本書の中核となる「品質重視のアジャイル開発の成功率を高めるプラクティス・Doneの定義・開発チーム編成」を構成する一揃いの手法群を説明する。

まず4.1節で、アジャイル開発の品質保証のポイントを説明する。その品質保証のポイントを踏まえて、4.2節で、アジャイル開発の開始時にお奨めのプラクティス、Doneの定義および開発チーム編成を具体的に示した一揃いの手法群を解説する。さらに、4.3節で、組織が初めてアジャイル開発に取り組むときの上司の心構え、4.4節で、アジャイル開発開始時に起こしがちな問題と解決策を解説する。

アジャイル開発を始めるときは、まず本章で解説する方法でアジャイル開発をスタートさせ、慣れてきたら、各自の開発環境に合わせて適宜見直すことをお奨めする。その方法で、アジャイル開発で大きく失敗するリスクを回避できるはずである。

4.1▶アジャイル開発における品質保証のポイント

アジャイル開発は、「所定の品質を確保したソフトウェアを、短期間で繰り返しリリースする手法」であり（第１章参照）、ウォーターフォールモデル開発と大きく異なるのは、「短期間」という点である。短期間で確実に品質を作り込むには、後からバグ出しをするのでなく、初めから品質を作り込む開発をする必要がある。同時に、品質が作り込まれていることを、常に確認できる必要がある。そのためには、品質が確保されているとはどういう状態をいうのかという基準を明確にして、実際に基準を満足しているかが常にわかるようにしておかねばならない。

また、「品質保証」の意味するところは、注意が必要である。品質保証（Quality assurance）とは、「品質要求事項が満たされるという確信を与えることに焦点を合わせた品質マネジメントの一部」[34]と ISO 9000：2015 で定義している。注目すべきは、品質が保証できていることではなく、顧客が「品質要求事項が満たされるという確信を得る」ことに焦点を絞っている点である。そして、品質保証の活動内容について、信頼感を付与するために証拠をもって示すよう要求している[5]。すなわち品質保証においては、顧客が、品質が確保されていると納得できるよう、それを証拠をもって示すことに留意する必要がある。

（1） 基本的な考え方　～プラクティス・Done の定義・開発チーム編成～

一般に品質マネジメントの管理対象には、大きく結果系と要因系の２種類があるといわれている[5]。結果系とは、評価基準を明確に設定し、結果である製品に対する検査を強化して、悪いものを外に出さないという考え方である。一方、要因系とは、始めからよいものを作り出すプロセスを構築して、そのプロセスを適用することにより、よい製品やサービスを効率よく作る方法である。

重要なのは、結果系と要因系のどちらか一方ではなく、両面から取り組むことがポイントだということである。悪いものを外に出さない結果系だけでは、不良品が積み上がるおそれがあるし、プロセス適用だけでは、低い確率であっても作ってしまった不良品が外に出て行ってしまうおそれがある。

アジャイル開発では、結果系と要因系に対して何が該当するか。**表4.1**は、アジャイル開発での品質保証のポイントを示したものである。

結果系は、評価基準を明確にして判定し、悪いものを外に出さないというマネジメント方法である。アジャイル開発で結果系に対応するのは、スクラムでいう「完成(Done)の定義」(以降、Doneの定義と呼ぶ)による判定である。

Doneの定義は、バックログ項目の作業が完了したかどうかの評価に使われる。ウォーターフォールモデル開発でいえば、出荷判定基準に当たるものである。このDoneの定義を明確にして、各バックログ項目の完了判定をすることにより、悪いものを外に出さないようにできる。Doneの定義により各バックログ項目の完了判定をすることを「Done判定」と呼ぶ。

要因系は、よいプロセスを構築して適用し、初めからよいものを作るというマネジメント方法である。アジャイル開発で要因系に対応するのは、プラクティスである。常識的に適用すべきと思われるプラクティスは、きちんと適用すべきである。適用するプラクティスによって、そのアジャイル開発での開発

表4.1　アジャイル開発での品質保証のポイント：基本的な考え方

品質マネジメントの管理対象	意味	アジャイル開発でのポイント
結果系	評価基準を明確にして判定し、悪いものを外に出さない	● Doneの定義による判定
要因系	よいプロセスを構築して適用し、初めからよいものを作る	● 当たり前に適用すべきプラクティスの適用 ● 一定レベル以上の開発チーム編成によるプラクティスの確実な実施

方法が明確になる。加えて、アジャイル開発では開発チーム編成が重要であることは、今まで説明したとおりである。開発チームのレベルを一定以上に編成することにより、プラクティスをねらいどおり確実に適用できるようにする。これは、ウォーターフォールモデル開発でいえば、組織標準を規定し、開発途中の各工程でその実行状況を監視して問題があれば是正し、ねらいどおり組織標準を実行することと同じである。

アジャイル開発は、開発期間が短いために、実行状況を監視して是正する時間がない。また、監視して是正するという方法自体、アジャイル開発にそぐわない。実行状況の監視と是正の代替として、実行する開発チームの技術力を一定レベル以上に編成するのである。これにより、ねらいどおりプラクティスを実施し、短期間で動くソフトウェアを繰り返しリリースできるようになる。

以上をまとめると、アジャイル開発での品質保証のポイントは、「プラクティス、Doneの定義、開発チーム編成」である。

(2) 実現方法 ～常にテスト・計測・振り返り～

アジャイル開発で短期間でのリリースを実現するには、最後のDone判定で不合格とわかっても遅い。プラクティスと開発チーム編成を確実にしたうえで、スプリント中でも、リアルタイムでDoneの定義を達成する品質を作り込んでいることがわかるようにする必要がある。しかも、そのプロセスは、初めからよいものが作れるように常に見直されていることが求められる。そのためにアジャイル開発が重要視する方法は、「常にテスト・計測・振り返り」である。その意味するところは、テスト、計測、振り返りを継続的に実施し続けるということである。

「常にテスト」とは、ソフトウェアを作るそばからテストして、動くソフトウェアだと確認することである。さらに、そのテストを自動化して常にテストし続けるのである。これで動くソフトウェアであることを実証できる。

「常に計測」とは、さまざまな指標をツールで自動計測して、リアルタイムで状況を把握できるようにすることである。もし、スプリント中に開発した機能が基準値を達成しないことに気が付いたら、その場で是正する。もちろん、基準値は最初からDoneの定義に基づくものとする。初めから基準値を達成するように開発するのだから、スプリント最後のDone判定では、必ず合格可能な品質を確保できる。

「常に振り返り」とは、スプリント中に何か問題が発生したときに、その場で細かくやり方を見直していくことである。これにより、常に有効な、初めからよいものが作れるプロセスを維持できる。

「常にテスト・計測・振り返り」では、特に自動化という発想を重要視する必要がある。少人数の開発チームで開発するアジャイル開発では、繰り返し作業を自動化・省力化しなければ、短期間で動くソフトウェアを作成できない。テストや計測は自動化が必須である。振り返りでプロセスを見直す際にも、自動化を意識する必要がある。

(3)　隠れたポイント　～変更容易なアーキテクチャ・レビュー～

上述したポイントに加えて、さらに押さえておきたいのは、「変更容易なアーキテクチャ・レビュー」である。

アジャイル開発は、継続的に短期間で動くソフトウェアを繰り返しリリースする。言い換えれば、機能を細かく追加・変更し続けるのである。その実現のためには、変更が容易なアーキテクチャでなければ困難である。機能追加のたびに大きな外科手術が必要なようでは、とても頻繁なリリースは実現できない。アジャイル開発では、マイクロサービスアーキテクチャなど、機能ごとの独立性の高いアーキテクチャを採用することによって、初めから機能追加しやすい構造にしておくことが望ましい。これが、短期間での機能追加を実現する隠れた原動力になる。

アジャイル開発はテストを重要視していると上述した。テストという技術は、テストした部分が動作することは確認できるが、実際にありうるケースをすべてカバーできない[19]ことを念頭に置く必要がある。そのため、従来のウォーターフォールモデル開発では、レビューによる確認という工夫をした。

■基本的な考え方

　プラクティス・Doneの定義・開発チーム編成

■実現方法

　常にテスト・計測・振り返り

■隠れたポイント

　変更容易なアーキテクチャ・レビュー

図4.1　アジャイル開発の品質保証のポイント　まとめ

設計工程での設計結果をレビューすることによって、早期に品質確保したのである。アジャイル開発でも同様に、繰り返しテストに加えて、レビューによる確認に取り組む必要がある。テストだけでは、テストした部分しか確認できない。開発結果を開発チームや関係者がさまざまな観点からレビューすることによって、確実に品質を作り込むのである。

(4)　まとめ

アジャイル開発の品質保証のポイントのまとめを**図4.1**に示す。これらのポイントを押さえてアジャイル開発を実施することにより、アジャイル開発で確実に品質を確保できるようになる。

4.2▶成功率を高める一揃いの手法群

本書が「アジャイル開発で成功率を高める一揃いの手法群」として提案する全体像を**図4.2**に示す。アジャイル開発宣言から20年が経過して、アジャイル開発に関する知見は蓄積されてきている。現在世の中で主に使われている技術を観察することによって、アジャイル開発の領域で当たり前に適用されている技術がわかる。これらの世の中の動向を踏まえたうえで、筆者の経験を加

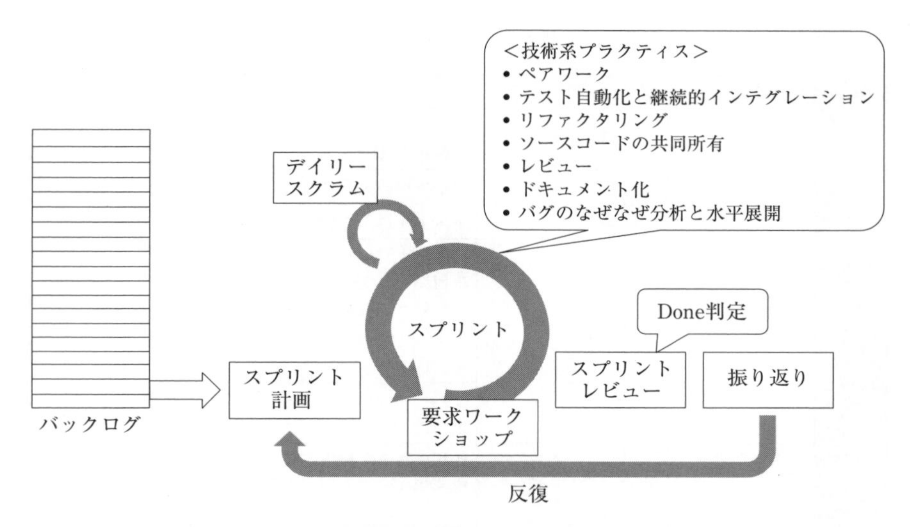

図 4.2　アジャイル開発の成功率を高める一揃いの手法群の全体像

表 4.2　推奨するマネジメント系プラクティスと技術系プラクティス

No.	マネジメント系プラクティス
1	スプリント計画
2	デイリースクラム
3	要求ワークショップ
4	スプリントレビュー
5	振り返り(KPT)
6	タスクボード
7	バーンダウンチャート

No.1～5 はスクラムによるものである

No.	技術系プラクティス
1	ペアワーク
2	テスト自動化と継続的インテグレーション
3	リファクタリング
4	ソースコードの共同所有
5	レビュー注1)
6	ドキュメント化注2)
7	バグのなぜなぜ分析と水平展開注3)

No.1～4 は XP によるものである(No.1 は XP ではペアプログラミングと表記)

注 1)　ソフトウェア工学で説明される設計内容の適切性を確認するレビューである

注 2)　仕様書作成を明示するためのプラクティスである

注 3)　ソフトウェア品質会計[31]の技法である

表4.3 Done の定義

対象	カテゴリ	No.	審査観点	審査基準
バックログ項目	1. ツールによる確認	①	静的解析	ソースコード静的解析による高以上の指摘に対する修正：100%
		②	実行行数	関数単位の実行行数200行以下：100%
		③	ネスト	ネスト4以下：100%
		④	テストカバレッジ	テストカバレッジ：100% ※何らかの理由により実行していないコードは、レビューにより妥当性を確認済である
		⑤	セキュリティ	セキュリティ脆弱性検査による指摘に対する修正：100%
		⑥	OSS	OSSライセンス違反検査による指摘に対する修正：100%
	2. テスト結果	⑦	新規テスト	新規テスト実施率：100% ※非機能テストなど、機能以外のテストを含む
		⑧	リグレッションテスト	リグレッションテスト実施率：100%
		⑨	テスト自動化	単体テスト自動化率：100% ※他のテストもできるだけ自動化する
		⑩	実行結果の記録	テストの実行結果の記録：100%
	3. 成果物の評価	⑪	設計仕様書	設計仕様書の成果物評価による指摘に対する修正：100%
		⑫	テスト仕様書	テスト仕様書の成果物評価による指摘に対する修正：100%
		⑬	ソフトウェア	ソフトウェア評価による指摘に対する修正：100% ※ソフトウェア評価対象には、マニュアル、インストーラーなど顧客に提供するものすべてが含まれる
	4. 成果物の登録	⑭	設計仕様書	設計仕様書一式の構成管理ツールへの登録：100% ※技術調査メモなどの必要情報を含む
		⑮	ソースコード	ソースコード一式の構成管理ツールへの登録：100%
		⑯	テスト仕様書	テスト仕様書一式の構成管理ツールへの登録：100%
		⑰	テストコード	テストコード一式の構成管理ツールへの登録：100%
スプリント	5. バグ対応	⑱	未解決バグ	未解決バグ：0件
		⑲	水平展開	バグ分析と水平展開実施率：100% ※対象：当該スプリントで摘出された全バグ
	6. アクションアイテム対応	⑳	アクションアイテム対応	残存アクションアイテム：0件 ※対象：当該スプリントで対応予定のアクションアイテム

表 4.4　登場する役割

役割	内容
プロダクトオーナー	アジャイル開発で創出するソフトウェアの価値最大化に責任をもつ。バックログの管理およびDone判定に責任をもつ
開発チーム	開発を担当する。チーム員は3〜9人がよい。技術リーダーおよびチーム員の技術レベルは、表4.5に示すとおりである
スクラムマスター	アジャイル開発の促進と支援に責任をもつ。プロダクトオーナー、開発チーム、品質技術者を支援する
品質技術者	アジャイル開発の品質保証を支援する。スプリントレビューで実施するDone判定に先立って、Doneの定義に基づき事前審査をする。品質技術者は、開発チームとは別に活動する

表 4.5　開発チーム編成の要件

立場	要件
技術リーダー	自ソフトウェア開発組織の上位20%に入る技術者。コミュニケーション力があるほうが望ましい
開発チーム員	自ソフトウェア開発組織の上位80%に入る技術者

えて本提案を構成している。

ここで説明するのは、アジャイル開発開始時に、アジャイル開発の成功率を上げるためのベースラインとなる一揃いの手法群である。推奨するプラクティスを**表4.2**、Doneの定義を**表4.3**、登場する役割を**表4.4**、開発チーム編成の要件を**表4.5**に示す。アジャイル開発の枠組みを構成するマネジメント系プラクティスはスクラムを参考にしている。技術系プラクティスは、主にXPを参考にしている。Doneの定義と開発チーム編成に関する要件などは、筆者の経験にもとづいたものである。

開発手順の概要を以下に説明する。

① プロダクトオーナー、開発チーム、スクラムマスター、品質技術者を

設定する(表4.4)。開発チーム員の選定では、開発チーム編成の要件(表4.5)を参考にする。スプリントの期間は2週間を推奨する。

② バックログは、常に最新化し、優先順位の高いものから順に並べておく。バックログを最新化する責任者は、プロダクトオーナーである。

③ 開発チームは、スプリント初日にスプリント計画を開催し、バックログの最上位から、今回のスプリントで開発するバックログ項目を選択する。選択するバックログ項目は、プロダクトオーナーと合意済のものとする。さらに、そのバックログ項目の開発作業を1時間程度のタスクに分解する。

④ 毎朝実施するデイリースクラムで、そのタスクのなかからその日実施するタスクを選択して開発作業をする。開発作業では、技術系プラクティスを適用する。

⑤ 推奨する技術系プラクティスは、ペアワーク、テスト自動化と継続的インテグレーション、リファクタリング、ソースコードの共同所有、レビュー、ドキュメント化、バグのなぜなぜ分析と水平展開である(表4.2)。

⑥ スプリントの途中の固定曜日に要求ワークショップを開催し、次回または次々回のスプリントで開発するバックログ項目の具体的内容や技術的な課題を、プロダクトオーナーを含めた開発チームで議論する。これは、以降のスプリントがスムーズに進むよう、あらかじめ準備しておく意味がある。

⑦ スプリントの最終日に、スプリントレビューを開催する。開発チームは、プロダクトオーナーに対して、バックログ項目を実現した、動くソフトウェアを動作させて開発状況を報告する。同時にDoneの定義に対する各バックログ項目の達成状況を確認する。

⑧ Doneの定義をすべて達成している場合に、そのバックログ項目が終了したと判定する。未達成のDoneの定義がある場合は、そのバックログ項目は終了していないので、次回のスプリントで継続的に開発する。次回のスプリントでは、未達成項目を完了させてそのスプリントレ

ビューで再度Done判定をする。

⑨ 品質技術者は、Doneの定義に対する各バックログ項目の達成度合いを、スプリントレビュー前に事前審査し、未達成の場合は、必要な対応をする。スプリントレビューでその最終結果を報告する。これにより、スプリントレビューを効率的に進めることができる。品質技術者は、開発チームとは別に活動する。

⑩ スプリントレビュー後、開発チームは振り返りをし、そのスプリントでよかったことや改善すべき点を挙げて、次のスプリントで改善する。

⑪ スクラムマスターは、これらのアジャイル開発作業がうまく進むようにあらゆる面から支援する。

column

欧米でよく適用されるプラクティスとは

アジャイル開発宣言から20年が経過して、アジャイル開発に関する知見は蓄積されてきている。現在世の中で主に使われている技術を観察することによって、アジャイル開発で当たり前に適用されている技術がわかる。

アジャイル開発で先行する欧米で、よく適用されるプラクティスは何だろうか。**表4.6**は、VersionOneのアンケートによる年次調査レポート[9]からの出典である。表4.6の濃いアミカケ部分は、本書が推奨するプラクティスである。本書が推奨するプラクティスは、いずれも上位に入っており、アジャイル開発をするなら、当たり前に実施すべきプラクティスと考えてよい。アジャイル開発初心者の目線でいえば、初心者が知識や経験がゼロの状態で、適用するプラクティスを選択するよりも、まずは経験者が当たり前に実施しているプラクティスに倣ったほうが早くてよい選択ができるという意味である。実際に適用してみて、アジャイル開発に慣れてきたときに具合が悪いと思われるならば、そのときにプラクティスの追加変更を考えればよい。

表4.6 主に欧米でよく適用されるプラクティス[9]

マネジメント系プラクティス

No.	プラクティス	適用率(%)
1	朝会	86
2	スプリント計画	80
3	ふりかえり	80
4	スプリントレビュー	80
5	短いイテレーション	67
6	プランニングポーカー(チームでの見積もり)	61
7	カンバン	61
8	リリース計画	57
9	献身的な個客・プロダクトオーナー	57
10	単一チーム(開発とテストの統合)	54
11	頻繁なリリース	50
12	共通の仕事場	45
13	プロダクトロードマッピング	45
14	ストーリーマッピング	38
15	アジャイルポートフォリオ計画	33
16	アジャイル・リーンUX	28

技術系プラクティス

No.	プラクティス	適用率(%)
1	単体テスト	69
2	コーディング規約	58
3	継続的インテグレーション(CI)	53
4	リファクタリング	41
5	継続的デリバリー(CD)	40
6	継続的開発	35
7	ペアプログラミング	34
8	テスト駆動開発(TDD)	33
9	自動受入テスト	33
10	コードの共同所有	31
11	持続的ペース	25
12	振る舞い駆動開発(BDD)	22
13	エマージェント・デザイン	14

※複数回答可

表4.6の技術系プラクティスのうち、1位の単体テストと2位のコーディング規約は、日本では当たり前の技術と考えられるため、本書の推奨プラクティスには含めていない。もし、これが当たり前の技術でないと感じられる場合は、技術系プラクティスに明示的に単体テストとコーディング規約を追加することをお奨めする。

4.3▶初めて取り組むときの上司の心構え

組織が初めてアジャイル開発へ取り組むときの、上司の心構えを説明する。「上司は黙って3カ月」、これに尽きる。

初めてアジャイル開発へ取り組むときは、開発チームにとっては、アジャイル開発へ取り組める体制を整えるだけでも大変なことなのである。ツール類を準備して開発環境を整え、ツールの使い方を覚えたり、バックログを作成したり、バックログ項目をタスクへ分解したり、何より1回のスプリントで動くソフトウェアまで作り上げること自体が大変である。それを上司は理解すべきである。

そして初めてアジャイル開発へ取り組むと、どうしても上司は2週間ごとに進捗を聞きたくなる。しかし、開発チームはまだこれといった目に見える成果が出せていない。そんな報告を3〜4回聞くと、上司はアジャイル開発への投資はムダなのではないかと考えるようになり、さらに細かく進捗報告を求めてしまう。しかし、ここはぐっと堪えるべきだ。

筆者の経験では、初めてアジャイル開発へ取り組んだときは、最初の3カ月は目立つような成果が出せないことのほうが多い。したがって、上司は最初の3カ月は無理に報告を求めないことをお奨めする。少なくとも「うまくいっているか？　成果は出たか？」と頻繁に尋ねることは控える。開発チームは、きっとさまざまな問題にぶつかりながら、乗り越えようとしているはずだ。上司が対応すべき問題が発生したときは、開発チームからエスカレーションされるはずだと信じる。そうしなければ、せっかく育つ芽を摘むことになりかねない。

3カ月を過ぎると、開発チームはスプリントを繰り返すことに慣れ、動くソフトウェアを開発できるようになるはずだ。しかし、もしそれが半年たっても、思うような成果が出ない場合は、上司の出番である。成果が出ない原因を分析し、開発チーム員の入れ替えなども含めて検討すればよい。

4.4▶開始時に起こしがちな問題と解決策

本節では、アジャイル開発の開始時に起こしがちな問題と対処を解説する。これらをあらかじめ知っておくことで、心の準備ができると思う。

(1)　１回のスプリントで「動くソフトウェア」が開発できない

〈事例①〉

スプリント期間を２週間として開始したアジャイル開発プロジェクト。意欲満々で開始したのはよいものの、１回目のスプリントでは設計までしか進まなかった。２回目のスプリントではコーディングが終わった。３回目のスプリントでようやくテストが完了した。これは、アジャイル開発という名を借りたウォーターフォールモデル開発ではないか？

〈解説〉

実は、１回のスプリントで「動くソフトウェア」を開発することは、容易ではない。本事例は、結局、設計⇒コーディング⇒テストをおのおの２週間とする工程のウォーターフォールモデル開発と同じことになってしまっている。この問題は、１つのバックログ項目の大きさが大きすぎる場合に発生し、初心者チームでは珍しいことではない。本問題でまず対応しなければならないことは、１回のスプリントで完了できる大きさにバックログ項目を切り出すことである。アジャイル開発は、１回のスプリントで「動くソフトウェア」を開発するため、それができる大きさのバックログ項目にする必要がある。しかし、ウォーターフォールモデル開発の感覚から抜け切れないと、１つのバックログ項目がウォーターフォールモデル開発の１つの要件の大きさのままになってしまい、到底１回のスプリントでは動くソフトウェアまでたどり着かない。「適切な大きさにバックログ項目を切り出す」ことが求められる。

また、開発チームが１回のスプリントで開発できる量を把握することも必要である。経験のある技術者なら、１回のスプリント期間とチームの人数を考えれば、スプリントを回すのが初めてでも、開発できる規模はだいたい予想がつくはずである。アジャイル開発でも、魔法は起きない。最初は、ほぼウォーターフォールモデル開発と同程度の生産性と考えて予測をすればよい。詳細な実力把握は、スプリントを何度か繰り返せばわかってくる。5〜6人のチームで２週間のスプリントで可能な開発量は、プログラムのライン数では、１回のスプリントで1,000ライン以内、多くて2,000ライン程度であろう。

また、1回のスプリントで、設計からテストまで完了させて「動くソフトウェア」を開発するリズムを作ることも、経験と実力を要する。数日で設計からテストまで完了するには、開発をテンポよく進める必要がある。逆にいえば、経験と実力を備えた技術者なら、最初からスムーズにアジャイル開発に取り組むことができるが、それは誰でもできるわけではない。アジャイル開発では、ウォーターフォールモデル開発のように、「誰でも開発できるようにプロセスを整備する」という対策が取りにくいことを理解する必要がある。

column

バックログの切り出し方の工夫

バックログ項目は、スプリント初日のスプリント計画で、1時間程度のタスクに分解する。ここで適切にWBSの形式でタスク分割できれば、1回のスプリントで完了できるかどうかを見積もることができる。1つのバックログ項目が1つのスプリント中に終了しない場合は、バックログ項目が大きすぎる。機能分割などを検討する。まずはこの時点で、バックログの切り出しが適切かどうか判断できる。

初心者チームの場合は、スプリント計画の段階で、きちんとタスクへ分解するのが難しいかもしれない。プロダクトオーナーやスクラムマスターや見識のある技術者が、支援することが望ましい。

タスクへの分解の過程で、関係者間でバックログの内容を詳細に合意することも重要である。なぜなら、バックログにて想定する対象範囲に、プロダクトオーナーと開発チームに食い違いがあることもあるからだ。スプリント計画の段階でバックログの内容を合意しておかないと、スプリントレビューで食い違いが判明し、Done判定できないという事態に発展してしまう。

これらの議論により、そのバックログがスプリント期間内に終了できるかどうかを判断できるはずである。もし、終了できないことが判明した場合は、機能を分割したり、作業を分割して、次のスプリントで開発すればよい。また、スプリント計画時点でタスクに分解できないものが出てきた場合は、それを別のバックログに分割し、その開発方法を別に検討する。

(2) 途中からバグが頻発する

〈事例②〉

アジャイル開発を開始して、2、3回のスプリントは順調に進んだ。ところが、途中から、テストをするとバグが多数摘出される状態になり、まったく開発が進まなくなってしまった。

〈解説〉

本事例は、最初の2、3回のスプリントでは、実装した機能は動作するので、順調に開発が進んでいると思っていた。途中で、念のためテスト範囲を広げてみたところ、正しく動かない既存の機能があることに気が付いたという事例である。時には、実装した機能が実は正しく動いていなかったことに、後から気が付くこともある。

このようなバグ多発事象を起こす開発チームは、何度も同じようにバグを多発させることが多い。なぜなら、開発作業の進め方に何らかの根本的な問題があるためにバグを作り込んでしまっているからだ。その根本原因をつぶさないかぎり、同じことを繰り返すのである。

このような場合のプロジェクトの復旧は容易ではない。バグ多発事象が起きる場合は、開発チームの技術力が低いことが多い。したがって、そのままその開発チームに任せていても事態を収拾できないことがほとんどである。高スキルの技術者を投入し、他にバグがないかを全部見直すとともに、なぜバグが多発する事態となったのか原因を突き止める必要がある。それをしないと、また同じようにバグを作り込んでしまうからである。これらの対応方法は、ウォーターフォールモデル開発と同じである。それでも、またバグ多発を繰り返す場合は、技術力が低いと判断して、開発チーム員の交代を考えたほうがよい。

(3) 改善が回らない

〈事例③〉

アジャイル開発では、定期的な振り返りと改善が当たり前のはずだ。しかし、今まで開発チーム内の問題を、開発チームが自力で解決したということはなく、改善が回っているようには見えない。

〈解説〉

この事例はアジャイル開発を3カ月程度かそれ以上の期間、継続してきたときに見られる問題である。アジャイル開発では、開発チームは、自己裁量権をもつ代わりに、自ら責任をもって開発を進め、改善していくことが求められる。ところが、そのような行動も成果も見られないという事例である。

この問題は、日本でも一時期、「アジャイルの形骸化」と呼ばれて議論されたことがある。したがって、ある意味では普遍的な問題といえるかもしれない。

アジャイルの形骸化とは、自律的に動くことが前提となっているアジャイル開発において、開発チーム員に自律的に動く行動が見られないことをいう。チーム員同士がお見合いして動かないような場合に起きる。今まで説明したとおり、日本のような多重下請構造のソフトウェア業界では、技術者はトップダウン指示に慣れていて、自ら発案して動くということに慣れていない。したがって、数カ月という短期間でその行動様式が変わることを期待するのは無理がある。

また、それがチーム員個人の性格に由来することもある。技術者によっては、ウォーターフォールモデル開発の方が性格的に合っていると感じる人もいるし、逆にアジャイル開発でなければ嫌だと思う技術者もいる。

このアジャイルの形骸化問題は、根が深く、単純な解決方法は見当たらない。最も単純な方法は、アジャイル開発に適した技術者でチームを構成することである。トップダウン指示が合っている技術者は、ウォーターフォールモデル開発専任とすることを考えればよい。

第5章

アジャイル開発の準備とプラクティス

第5章から第7章は、第4章で説明したアジャイル開発の成功率を高める一揃いの手法群を、現場で実践できるよう具体的に解説する。

本章では、アジャイル開発を始めるに当たって、まず悩むことである開発チームの編成方法、開発対象ソフトウェアの選び方に始まり、アジャイル開発を始めるための準備事項から、具体的なアジャイル開発の1回のスプリントの流れと個々のプラクティスの実施ポイントを説明する。

5.1▶アジャイル開発チームおよび関係者の要件

(1) 開発チームの人数

スクラムでは、開発チームは1桁の人数がよいとされている。つまり9人以下である。筆者の経験では、5〜7人くらいが一番効率的なように思う。チーム内のコミュニケーションが取りやすいし、デイリースクラムで1人ずつ発言してかかる時間がちょうどよい。ペアワークをすれば2〜3組になり、組合せを変えるにもちょうどよい具合である。一方、2人は少ない。3人もペアワークを組みにくいのであまりお奨めしないが、現実的には3人というチームはよく見かける。

(2) 開発チーム編成

アジャイル開発の開発チームは、上下関係がないフラットな体制とするよう推奨されているが、初心者チームをいきなりフラットな体制にすると、技術者同士がお互いに様子見をして何も決められない状態に陥り、開発が進まなくなることがある。最初は技術リーダーをおいて、初めから開発が円滑に進むようにすることをお奨めする。

① 開発チーム編成の具体的な要件

本書では、開発チーム編成の要件として表5.1を推奨する。技術リーダーには、自ソフトウェア開発組織の上位20%に入る技術者を置く。できれば、コミュニケーション力が高いほうがよい。アジャイル開発は、コミュニケーションを重視する技法である。技術力があってもコミュニケーション力がなければ、開発チームがまとまらない。優秀な技術リーダーをおくことは、成功のための重要な条件である。

開発チーム員は、自ソフトウェア開発組織の上位80%に入る技術者で構成する。下位20%は入れない。

表 5.1　開発チーム編成の要件(表 4.5 の再掲)

立場	要件
技術リーダー	自ソフトウェア開発組織の上位 20%に入る技術者。 コミュニケーション力が高いほうが望ましい
開発チーム員	自ソフトウェア開発組織の上位 80%に入る技術者

表 5.2　開発者の技術レベル[6][10](表 1.4 の再掲)

レベル	手法の理解と利用の技術レベル
レベル 3	適用する条件に適合するように、手法そのものを改訂できる
レベル 2	適用する条件に合わせて、手法をカスタマイズできる
レベル 1	手法を適用できる
レベル 1A	手法を使って、自由裁量の部分を遂行できる (経験を積めばレベル 2 になることができる)
レベル 1B	手法を使って、手続き的な部分を遂行できる (経験を積めば、レベル 1A のスキルのいくつかをマスターできる)
レベル −1	手法を使えない、または使わない

開発チーム編成の要件(表 5.1)を、第 1 章で述べたスキルレベル(**表 5.2** 参照)で表現すると、アジャイル開発の開発チームは、技術リーダーにはレベル 3 の技術者を割り当て、開発チーム員は自ソフトウェア開発組織のレベル 1 以上の技術者で構成するという意味になる。

②　開発チーム編成の要件の理由

アジャイル開発は、技術系プラクティスが品質を決めるといっても過言ではない。技術リーダーがいないと、さまざまな技術的決断が滞り開発が進まない。ソフトウェア開発では、日々、さまざまな技術的決断が求められる。細かいレベルの実装方法や、経験者なら当たり前に選ぶであろう実装方法を確実に選択することなどを、現場レベルで確実に積み重ねていくことで、求める品質を達成できる。その細かい開発状況を、開発チーム外から監視するのは困難である。すなわち、技術系プラクティスを、当たり前のように自ら適切に遂行できる能力が、開発チーム員に求められるのである。技術リーダーが細かい技術的な決断を果たし、開発チーム員が確実にそれを実行する。開発チームにこうした技術力がなければ、求める品質は達成できない。

③ ウォーターフォールモデル開発との違い

人を選べば成功して当たり前と思うかもしれないが、アジャイル開発はソフトウェア開発を全面的に開発チームへ任せる方法論である。ウォーターフォールモデル開発では、開発中の工程ごとに、外部から開発内容の妥当性を審査する。しかし、短期間を特徴とするアジャイル開発で、ウォーターフォールモデル開発のような工程ごとの審査は困難である。もし実施すれば、開発チームの裁量に任せることによって柔軟な開発をしようというアジャイル開発の重要な特性が失われてしまう。ウォーターフォールモデル開発のような標準化、仕組み、基準といった手法でソフトウェア品質を確保する方法は、アジャイル開発にはそぐわない。アジャイル開発のメリットを早期から最大限引き出し、成功率を高めるには、実行する人をある程度限定することによって、質を保証する必要があるというのが、筆者の経験に基づく結論である。組織として、アジャイル開発の取組みが当たり前になってきたら、あとは各組織の事情に合わせて自由に変更すればよい。

しかし、アジャイル開発初期の段階では、開発チームの編成に慎重になるべきである。最初のアジャイル開発への挑戦で失敗したら、次の取組みはハードルが高くなってしまう。最初は、アジャイル開発をうまくいく形で経験し、そのよい経験を繰り返して次へつなげていくことが重要である。

(3) プロダクトオーナーとスクラムマスターの要件

表 5.3 に示すとおり、プロダクトオーナーは、アジャイル開発で創出するソフトウェアの価値最大化に責任をもつ。バックログの管理と Done 判定はプロダクトオーナーの責任である。スクラムマスターは、アジャイル開発の促進と支援に責任をもち、プロダクトオーナー、開発チーム、品質技術者を支援する。

表5.3　登場する役割(表4.4再掲)

役割	内容
プロダクトオーナー	アジャイル開発で創出するソフトウェアの価値最大化に責任をもつ。バックログの管理およびDone判定に責任をもつ
開発チーム	開発を担当する。チーム員は3〜9人がよい。技術リーダーおよびチーム員の技術レベルは、表4.5に示すとおりである
スクラムマスター	アジャイル開発の促進と支援に責任をもつ。プロダクトオーナー、開発チーム、品質技術者を支援する
品質技術者	アジャイル開発の品質保証を支援する。スプリントレビューで実施するDone判定に先立って、Doneの定義に基づき事前判定をする。品質技術者は、開発チームとは別に活動する

プロダクトオーナーとスクラムマスターは、スクラムが公式に開催する研修資格制度があるので、できればそれを受講することをお奨めする。

ウォーターフォールモデル開発でプロジェクトマネージャーだった人が、スクラムマスター役をする場合は注意が必要である。思わずマネージャー役のように開発チームへ指示してしまうことがあるからだ。スクラムマスターは、開発チームを支援する役割である。たとえば、プロダクトオーナーと開発チームのコミュニケーションがうまくいっていないと感じたら、気軽に議論できる場を設定するとか、開発チームの技術力が不足する領域があったら、それをカバーできるようその領域の専門家を招へいしたりするのがスクラムマスターに期待される行動である。典型的な勘違い場面は、開発データの整理である。スクラムマスターが、開発チームへ開発データを整理するよう指示することがある。しかし、むしろスクラムマスターは、自ら開発チームの開発データを整理する側の役割である。

(4)　品質技術者の要件

品質技術者は、アジャイル開発の品質保証を支援する。具体的には、スプリントレビューで実施するDone判定に先立って、Doneの定義に基づき事前審査をする。品質技術者は、スクラムでは定義されておらず、本書で独自に設定した役割である。設定した理由は、品質保証に要求される「顧客が、品質が確保されていると納得するよう、それを証拠をもって示す」ことの実現には、品質技術者が必要だからだ。顧客に納得してもらうには、他や過去の実績との比較の視点が必要である。ソフトウェア工学の視点から見て適切な開発が実施されていることの確認も必要である。それらの役割を、開発チームが開発と同時に担うのは難しい。無理ではないが、かなりハードルが高い。

品質技術者の要件を以下に示す。

- ソフトウェア開発プロジェクト経験がある
- 設計やテストの仕様書の評価、およびソフトウェアを実際に動作させる品質評価の経験がある、または同等の能力がある
- ソフトウェア開発データの分析と評価の経験、または同等の能力がある

品質技術者は、開発チームとは別に活動することを想定しており、１人の品質技術者が２～３の開発チームの品質技術者を兼ねることは可能である。

5.2 ▶ 開発対象ソフトウェアの選択

アジャイル開発を始めるに当たって、開発対象ソフトウェアを選択しなければならない。アジャイル開発は、開発するソフトウェアの種類を選ばない。ウォーターフォールモデル開発で、どんなソフトウェアでも開発しているのと同じである。ただし、アジャイル開発のメリットを生かす相性のよいソフトウェアはあると思う。本節では、アジャイル開発での開発対象ソフトウェアの選択の考え方について説明する。

(1)　顧客から見たとき、アジャイル開発と相性のよいソフトウェア

顧客視点で考えると、アジャイル開発は、顧客への価値提供を念頭に置い

ていることからも、顧客から認識できるソフトウェアと相性がよい。たとえば画面で操作するような機能の開発などである。短期間で頻繁にリリースできることから、顧客からの細かいフィードバックに対応するトライ＆エラーが必要なソフトウェア開発とも相性がよい。

それに比べて、顧客から機能を認識しにくい制御系の機能や、アーキテクチャ変更など内部構造を変更するような開発へのアジャイル開発の適用は、顧客から支持されにくい。しかしながら、アジャイル開発と相性が悪いわけではなく、アジャイル開発を適用することに問題はない。また、開発側から顧客に理解を求める努力も必要だろう。

アーキテクチャ構造の視点から考えると、4.1 節で挙げたとおり、アジャイル開発の品質保証における隠れたポイントの一つに、変更容易なアーキテクチャがある。細かい単位で開発を繰り返すアジャイル開発は、機能ごとの独立性が高い構造をもったソフトウェアのほうが適用しやすい。たとえば、マイクロサービスアーキテクチャを採用したソフトウェアは、アジャイル開発と相性がよい。

(2) ウォーターフォールモデルで開発したソフトウェアとの相性

ウォーターフォールモデルで開発したソフトウェアに対してアジャイル開発は適用できるが、特にテスト自動化の面で苦労を伴うことが多い。アジャイル開発ではリグレッションテストの自動化が欠かせないが、ウォーターフォールモデルで開発したソフトウェアで、テスト自動化を実現しているケースは少ないためである。しかしながら現実のソフトウェア開発の場面では、新規開発よりも、ウォーターフォールモデルで開発したソフトウェアに対する改修開発が圧倒的に多いため、ウォーターフォールモデルで開発したソフトウェアへアジャイル開発を適用することを考慮しておく必要がある。この場合は、アジャイル開発をしながらテスト自動化を進めて、だんだん自動テストができるようにする。その場合は、バックログ項目にテスト自動化計画を加えて、計画的に進めることをお奨めする。

ウォーターフォールモデルで開発したソフトウェアは、アーキテクチャ面でもアジャイル開発の適用が難しいことがある。モノリシックアーキテクチャと呼ばれる、１つのアプリケーションにより複数の機能を実現しているような構造のソフトウェアへアジャイル開発を適用する場合は、既存機能にデグレードがないことの確認が大変になる。その理由は、機能ごとの独立性が低いソフトウェアの場合、細かい変更の既存機能へ及ぼす影響が、広範囲に及ぶ可能性があるためである。このため細かい変更であっても、広範囲のリグレッションテストが必要になる。この点からもリグレッションテストの自動化が問題となるので、計画的な対応が必要である。

5.3▶アジャイル開発の準備

アジャイル開発への取組みを決断して、いきなり最初からスプリントを回せるわけではない。本格的にスプリントを繰り返す前に、準備しておくことがいくつかある。本節では、その準備しておくべき事項を説明する。

（1） 適切なスプリント期間の設定

スプリント期間は２週間をお奨めする。経験的に２週間が最も実施しやすい。スプリント期間は、短いほど開発チームにとって難易度が高く、１週間はかなり難しい。毎回、１週間で動くソフトウェアまで作り上げるのは、開発チームに高度な技術力と集中力が要求される。それに耐えられる開発チームしか１週間のスプリントは実行できない。一方、３週間以上は期間的に長く、アジャイル開発のメリットが薄れる。スクラムでは、スプリントを１カ月以下と表現している。なお、アジャイル開発初心者チームの場合は、４週間から始めて、慣れてきたら徐々に期間を短くして２週間に移行していく方法もある。

(2) 開発環境の整備

アジャイル開発では、ツール利用が必須である。たとえばテスト自動化は、そのためのツールがなければ実現できないし、本書が推奨する「常に計測」を実施するには、ツールによる自動計測がなければ難しい。このようなツール類をアジャイル開発を本格化する前に整備する。技術系プラクティスを実現するために必須のツールとしては**表5.4**のようなものがある。

これらのツールによる支援なしに、アジャイル開発を実施するのは難しい。生産性にも影響する。また、**表5.5**のようなマネジメント系プラクティスのためのツールもあるとよい。

使用するツールの使い方は、本格的にアジャイル開発を開始する前までに開発チームが修得し、あらかじめ開発チーム内の適用ルールを決めておくことが望ましい。

(3) 各種規約の整備

各種規約には、上述したツールの適用ルールのほか、コーディング規約や仕様書の作成ルールなどがある。Doneの定義も整備しておくべき事柄である。これらの規約内容の詳細度は、現場の必要性に応じて決めればよい。

特に整備必須の規約として、コーディング規約をあげておく。コーディング規約は、欧米でよく適用される技術系プラクティスの第2位(第4章のコラム参照)であり、品質確保の点でも効果が高い。本書のDoneの定義でも、コードの実行行数やネストの基準値の達成を含めている。その理由は、これらの基準値を違反するとバグを作り込みやすくなることが統計的に実証されているためである[35]。

アジャイル開発では、仕様書の作成が問題になるので、仕様書の作成ルールも決めておいたほうがよい。作成すべき設計仕様書やテスト仕様書の種類や章立て、フォーマット類などを整備する。

Doneの定義は、開発チーム、プロダクトオーナー、スクラムマスターなど

表5.4　技術系プラクティスのためのツール

No.	ツールの種類	説明
1	構成管理	アジャイル開発の成果物(ソフトウェア、テストプログラム、ドキュメント類など)の構成管理をする
2	テスト自動化	テスト実施を自動化する。主なツールとして、xUnitなどのユニットテストフレームワークや、SeleniumなどのUI自動操作ツール、Jenkinsなどのテスト自動化ツールがある
3	コードメトリクスの計測	ソースコードのコードメトリクスを計測する。主なコードメトリクスには、以下のようなものがある ●ソースコード行数 ●プログラムのネストの段数 ●コメント行数 ●サイクロマチック数などの複雑度 ●条件分岐数
4	コード静的解析	ソフトウェアを実行せずにソースコードを解析して問題点を指摘する。C##やJAVA言語など、言語ごとにツールがあり、コーディング規約に沿った指摘もできる。コーディング時に使用することにより、初めからバグの少ない可読性のよいプログラムを作ることが期待できる
5	テストカバレッジ計測	テストカバレッジは、テストによって所定の網羅条件が実行された割合をいう。カバレッジの計測方法には、C0(命令網羅)、C1(分岐網羅)、C2(条件網羅)が知られている。
6	OSSライセンス違反検出	OSS(オープンソースソフトウェア)のライセンス違反とは、そのOSSの著作権者が定めたOSSライセンスを遵守せずに利用することをいう。違反した場合、著作権侵害で訴訟されるリスクがある。OSSライセンス違反検出ツールは、そのOSSライセンス違反を検出する
7	セキュリティ脆弱性検出	セキュリティ脆弱性とは、セキュリティ問題を引き起こす可能性のある問題点をいう。セキュリティは、テストだけで検出することは難しく、設計およびコーディングの段階からセキュリティを意識して開発する必要がある。開発対象ソフトウェアがWebアプリケーションなどインターネット上で攻撃される可能性がある場合には、セキュリティ脆弱性検出ツールの実施は特に重要である

表 5.5　マネジメント系プラクティスのためのツール

No.	ツールの種類	説明
1	タスクボード	スプリント計画でバックログ項目を分割して作成したタスクを Todo(未着手)/Doing(着手中)/Done(完了)の３段階の状態で管理する。手書きの付箋を貼り付けるボードをツール化したものである。
2	バーンダウンチャート	スプリントの作業進捗をグラフ化で可視化したものである。タスクボードと連動することにより、バーンダウンチャートを自動的に作成することができる
3	バグ管理	バグや問題点を管理する。チケット管理ツールにより、タスクボード、バーンダウンチャート、バグ管理を１つのツールで実現することもできる
4	KPT	振り返りの手法である KPT をツール化したものである。専用のツールというより、タスクを扱うツールなどで実現することが多い。

関係者全員で合意しておく。初心者は、本書で提示する Done の定義をそのまま適用することをお奨めする。Done の定義を開発開始前に合意しておくことで、バックログ項目を完了するために実施すべき開発事項をあらかじめ明らかにすることができる。

(4)　アーキテクチャ設計

重要な準備事項として、アーキテクチャ設計がある。ウォーターフォールモデル開発では、ソフトウェアを開発する場合に、開発する対象ソフトウェアの特性に合わせて、あらかじめアーキテクチャ構造やモジュールの共通化方針などを決めるはずである。アジャイル開発でも同じ準備が必要である。いきなり細かい開発を始めると、アーキテクチャ構造がバラバラになって収拾がつかなくなってしまう。本格的にスプリントを回す前のスプリント１回分の期間をかけて、基本設計およびアーキテクチャ設計を実施することをお奨めする。

繰り返しになるが、アジャイル開発では変更容易なアーキテクチャを心がける。新規ソフトウェア開発としてアジャイル開発を始めるのか、すでに動くソフトウェアが存在する段階でアジャイル開発を始めるのかによって、アーキテクチャ設計でできることは異なるが、どのようなケースにおいても、変更容易性を念頭に置いてアーキテクチャ設計を心がけるべきである。

5.4▶バックログの作成と維持

(1) 概要

バックログは、アジャイル開発の要である。バックログを起点としてスプリントを繰り返す。バックログを常に最新状態に保持する責任は、プロダクトオーナーにある。

バックログのフォーマット例を**表5.6**に示す。表5.6の1行が、1つのバックログ項目となる。

表5.6 バックログのフォーマット例

ID	カテゴリ	内容	ストーリーポイント	スプリント	
				予定	完了

(2) バックログの構成

表5.6を例として、バックログの構成を説明する。

- 「ID」は、そのバックログ項目を一意識別できるよう、1行ごとに固有のIDを付ける
- 「カテゴリ」は、バックログ項目の種類別に記載する。バックログ項目は、開発要件だけでなく、さまざまな附帯作業を含む。たとえば、以下のようなカテゴリが考えられる
  - ➢ユーザーストーリー：開発要件
  - ➢環境整備：ツールのインストールや規約作成など、開発環境を整備するための作業
  - ➢リリース作業：開発したソフトウェアをリリースするための作業
  - ➢アクションアイテム：開発中に発生したアクションアイテム
- 「内容」は、そのバックログ項目の内容を記載する。開発要件の場合は、以下の3要素を必ず入れる
  - ➢誰が
  - ➢何のために
  - ➢何をしたいのか
- 「ストーリーポイント」はそのバックログ項目を完了するのにかかる相対的な作業量を記載する。ストーリーポイントは、開発チーム全員で見積もる。見積り方法では、プランニングポーカーと呼ばれる方法を適用することが多い。具体的な手順は、巻末の付録2、3の要求ワークショップの方法欄を参照していただきたい
- 「スプリント」の「予定」には、そのバックログ項目を実施する予定のスプリント、「完了」にはそのバックログ項目が完了したスプリントを記載する

(3) 開発要件の切り方

アジャイル開発では、丸いホールケーキを切り分けるように、開発要件を、顧客が認識できる機能の単位でバックログ項目として切り出すことを推奨する(2.2節(2)参照)。この方法は、顧客にとって開発の進捗が非常にわかりやすく、開発スピードが速く感じられるというメリットがある。したがって、開発要件は、顧客が認識できる機能の単位で分けることを意識する。アーキテクチャ変更など内部構造を変更するような開発内容の場合は、顧客が見た目で成果を認識しにくいため、開発が停滞しているように見えることを理解する。それまで見た目で動くソフトウェアを開発していて、顧客がアジャイル開発の効果を実感していればいるほど、そのギャップを説明しにくい。しかし、これはアジャイル開発のもつ弱点として、最初から考慮しておかなければならない。

ITベンダ企業が顧客企業から受注を受けて開発するような場合は、顧客側に、バックログを常に最新状態に保つ意識が必要になる。もちろん、開発チーム側にも、顧客が協力しやすい環境を作る努力が必要である。アジャイル開発の成功事例を見ると、共通して、顧客側と開発チームがうまく協力体制を構築できている。

(4) バックログの維持と見直し

バックログは、常に優先順位の高いバックログ項目から順に並べておく。時間の経過とともに優先順位が変わる可能性があるので、順位は随時見直す。また、実際にアジャイル開発を始めて、動くソフトウェアを見ると、想定していた機能が不十分だったり、別の機能が必要なことに気が付いたりする。それを随時バックログへ反映する。バックログには、開発要件以外の作業項目などを含め、必要な事柄が確実に実施できるようにするとよい。また、バックログ項目の各欄は、必ずしも始めからすべて詳しく記載できなくてもよい。直近のスプリントで選択する、優先順位の高いバックログ項目から詳細化できていればよい。本書では、アジャイル開発をスムーズかつ効率的に進めるために、常に次回の、できれば次々回までのスプリントで開発するバックログ項目まで、決めておくことを推奨する。

バックログ項目には、開発要件であるユーザーストーリーだけでなく、開発に必要な環境整備、リリース作業などさまざまな項目を含む。たとえば、新しい開発ツールを組み込むときの作業やそれにかかわる規約作成などが該当する。これらは、開発中にも随時発生するので、そのたびにバックログ項目として、バックログへ組み込んで作業をする。

なお、バックログ項目を選択してスプリントを始めたら、選択したバックログ項目の内容は変えないというのがスクラムの決め事である。スプリント中にバックログ項目の中身を変えると、開発チームがその変更に振り回されて完了できなくなるからである。

(5) その他の注意事項

アジャイル開発の主要なねらいである「変化への対応」を実現するには、バックログを常に最新状態に保つことが必須である。バックログを最新のビジネス要求に合わせておき、優先順位順にバックログ項目を並べておくことで、最もほしい機能から順に開発できるようになる。バックログを最新状態に保つ責任は、プロダクトオーナーにある。実は、バックログを最新状態に保つのは、意外に難しい。気を抜くとすぐに更新漏れが発生してしまう。スプリント計画やスプリントレビューにおいて、バックログに変更が発生した場合には、その場で更新することを習慣化することをお奨めする。

なお、開発対象ソフトウェアの全体像を整理するための技法として、ユーザーストーリーマッピング[36]が提案されているので、顧客へ価値あるソフトウェアを提供するための方法として並行して利用することも考えるとよい。

5.5▶マネジメント系プラクティスの実施ポイント

プラクティスのうち、アジャイル開発のフレームワークを決めるプラクティスを、マネジメント系プラクティスと呼ぶ。本書で推奨するマネジメント系プラクティスとその概要を表5.7に示す。また、おのおののプラクティスの

表5.7　推奨するマネジメント系プラクティス

No.	マネジメント系プラクティス	概要
1	スプリント計画	今回のスプリントで実施するバックログ項目およびそのタスクを決める場。各スプリントの開始時に数時間以内で開催する
2	デイリースクラム	開発チーム員の前日の進捗と本日の作業予定を確認するための、毎日開催する15分程度の短時間の場。朝の開催が多い
3	要求ワークショップ	次回または次々回に実施する予定のバックログ項目の詳細内容を確認する場。固定曜日に数時間以内で開催する
4	スプリントレビュー	今回のスプリントで開発したバックログ項目の内容を確認し、Done判定をする場。各スプリントの最終日に数時間以内で開催する
5	振り返り(KPT)	今回のスプリントを振り返り、よかったことや問題点を議論し、次回のスプリントでの改善施策を決める場。KPTとは、振り返りの1手法である。各スプリントの最終日のスプリントレビュー後に数時間以内で開催する
6	タスクボード	タスクを付箋に書き出し、タスクの現在の進捗に合わせて、ToDo、Doing、Doneの領域に貼り、作業を見える化する方法
7	バーンダウンチャート	未完了タスクの見積り工数の合計を時系列でグラフにすることにより、進捗を見える化する方法

参考書籍などを巻末の付録2に掲載する。マネジメント系プラクティスは、アジャイル開発のイベントを決めるものであり、アジャイル開発のリズムを刻むために重要である。

(1) スプリントの流れ

本書の推奨マネジメント系プラクティス(表5.7参照)を実施したときの、2週間のスプリントの流れを**表5.8**に示す。スプリント初日にスプリント計画を開催する。デイリースクラムは毎朝15分開催する。要求ワークショップは、1週目の固定曜日(表5.8では水曜日)に開催する。スプリントの最終日に、スプリントレビューと振り返りを開催する。このように、アジャイル開発では、イベントを固定曜日に開催し、そのサイクルを繰り返してリズムに乗ることを目指す。

マネジメント系プラクティスは、アジャイル開発のフレームワークを提供

表5.8 マネジメント系プラクティスの実施例(2週間のスプリント)

マネジメント系プラクティス		1週目					2週目				
	使用するプラクティス	月	火	水	木	金	月	火	水	木	金
スプリント計画	タスクボード バーンダウンチャート	○									
デイリースクラム	タスクボード バーンダウンチャート	○	○	○	○	○	○	○	○	○	○
要求ワークショップ				○							
スプリントレビュー	バーンダウンチャート										○
振り返り(KPT)											○

※○印は実施することを表す

するので、これに従うだけでアジャイル開発をしている気分になれる。アジャイル開発はまずこのサイクルを安定的に実施するのが第一歩である。以下に、各マネジメント系プラクティスの実施ポイントを説明する。

(2) スプリント計画

スプリント計画は、スプリントの初日に開催する。スプリント計画では、そのスプリントで開発するバックログ項目を確認し、そのバックログ項目を詳細なタスクにブレークダウンし、開発を開始できるようにする。スプリント計画の所要時間は、2週間のスプリントの場合は、2～3時間程度を目安とする。

まず初めに、プロダクトオーナーが、そのスプリントで開発するバックログ項目の内容を説明する。このプロダクトオーナーからの説明は、直前のスプリントレビューの最後に行うこともある。なお、スクラムでは、継続的改善を確実なものとするために、バックログ項目にプロセス改善策を少なくとも1つは含めることを推奨しているので、参考にするとよい。

次に開発チームが、各バックログ項目を実現するために必要なタスクを洗い出す。タスクの粒度は、1タスクが1時間程度、長くても2～3時間で実行できる程度の大きさとする。各タスクの工数を見積り、タスクボードへ全タスクを張り出す。バーンダウンチャートには全タスクの見積り工数の合計値をプロットする。当たり前のことだが、見積り工数の合計値は、保有工数以内であることを確認する。

(3) タスクボード

タスクボードは、タスクを付箋に書き出し、ToDo、Doing、Doneの領域に貼って作業を見える化する方法である。**図5.1**に、実際のタスクボードの例を示す。

スプリント計画で洗い出したタスクを、付箋に書き出し、タスクボードのToDo領域に貼って、スプリントを開始する。したがって、スプリント計画時には、すべての付箋はToDo領域に貼られている状態になる。

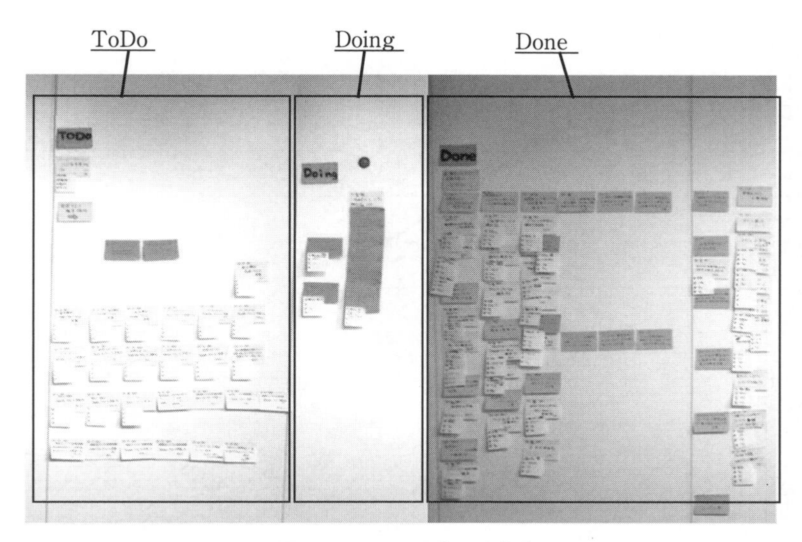

図 5.1　タスクボード(例)

スプリント開始以降は、デイリースクラムで、昨日の結果と今日実施するタスクを該当箇所に貼り直す。スプリント最終日には、すべての付箋がDoneの領域に移るはずである。図5.1を見ればわかるように、タスクボードは、3つの領域の付箋の数の多寡で、現在のスプリントの進捗状況を一目で把握できるというメリットがある。

(4)　バーンダウンチャート

バーンダウンチャートは、時系列でタスクの完了状況を示すグラフである(**図5.2**参照)。スプリント計画時には、横軸に日を表示し、縦軸に全タスクの見積り工数の合計値をプロットし、スプリントが始まる。

毎朝、デイリースクラムで、昨日終了したタスクのストーリーポイントを合計して、グラフを更新し、進捗を見える化する。予定線に沿ってスプリントが進行すれば順調、予定線より上に実績線がある場合は遅れ、予定線より下に実績線がある場合は予定より早く進んでいることを示す。進捗が停滞すると、

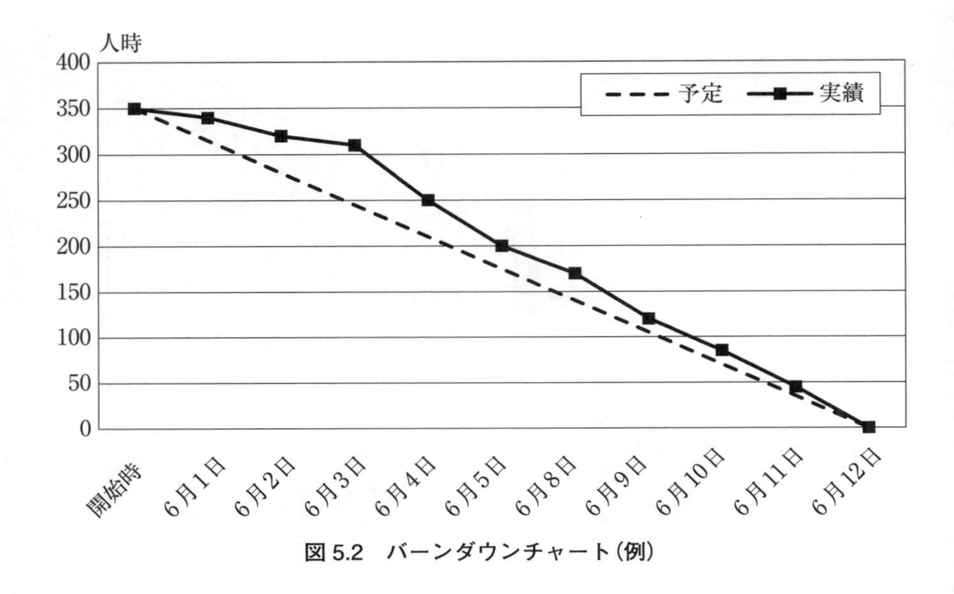

図 5.2　バーンダウンチャート(例)

実績線が横ばいになるので気が付く。図 5.2 では、最初の 6 月 3 日までの 3 日間がそれにあたる。このように実績線が横ばいになり、予定線から上にどんどん離れている場合は、早めの対処が必要である。図 5.2 では、その後は順調に推移し、予定どおりスプリント最終日にタスクがすべて完了している。

バーンダウンチャートは、数字さえ揃えば容易にグラフ化でき、作成を自動化しやすい。ただし、自動作成するとチャートができていることに満足してしまって、グラフの示す傾向に注意を払わなくなることがある。このため、わざわざ毎朝手書きにしているという開発チームもあるので参考にしてほしい。

(5)　デイリースクラム

デイリースクラムは、毎日 15 分、開発チーム員が全員集合して開催する。朝開催することが多いため、朝会と呼ばれることもある。短時間で終了するよう、立ったままで開催する。開発チーム員は全員、おのおの以下の 3 項目を報告し、タスクボードの付箋を張り替え、最新の状態にする。

① 昨日やったこと（前回からの進捗）

② 今日やること（次回までの計画）

③ 作業を進めるうえで困っていること（問題点）

全員でバーンダウンチャートを見て進捗状況を確認する。問題点や議論が必要な項目がある場合は、デイリースクラムとは別に場を設定し、必要なメンバーを集めて議論する。このような議論の場の設定は、スクラムマスターが主導することが多い。

(6) 要求ワークショップ

要求ワークショップでは、次回、できれば次々回までのスプリントで開発予定のバックログ項目の詳細内容を検討する。これにより、常に次のスプリントの開発内容まで見通すことができるようになり、開発チームは安心して開発することができる。要求ワークショップは、2週間のスプリントの場合は、半日程度を目安とする。

具体的には、バックログ項目ごとに、以下の内容を検討する。検討結果は、開発メモなどにまとめておく。

- 画面項目やレイアウト、画面操作の流れ
- 処理ロジックの概要
- 既存機能の影響範囲、修正が必要なファイルの特定
- 実施すべきテスト内容と範囲

(7) スプリントレビュー

スプリントレビューでは、開発したバックログ項目を動かしながら説明するとともに、Done判定を行い、バックログ項目ごとに開発完了の合否を判定する。2週間のスプリントの場合は、2時間程度が目安である。スプリントレビューには、プロダクトオーナーが参加するほか、ステークホルダーが参加することもある。スプリントレビューの議事を**表5.9**に示す。

表5.9　スプリントレビューの議事

No.	項目	内容	説明者
1	バックログ項目ごとの審査	①動くソフトウェアを動作させ、開発内容を説明する	開発チーム
		②成果物や記録を見せながら、各Done判定基準を完了していることを説明する	品質技術者または開発チーム
		※①～②をバックログ項目ごとに繰り返す	
2	スプリント全体の審査	③Done判定後のバグがある場合、バグのなぜなぜ分析と水平展開状況を確認する	品質技術者または開発チーム
		④そのスプリントで終了する計画のアクションアイテムの完了状況を確認する	品質技術者または開発チーム
3	その他事項の確認	⑤定量データを確認する	品質技術者または開発チーム
		⑥振り返りやデイリースクラムの実施状況を確認する	品質技術者または開発チーム
4	Done判定	⑦プロダクトオーナーが、バックログ項目ごとに完了・未完了を判定する	

①　スプリントレビューの議事

表5.9に示す議事に従い、バックログ項目ごとの審査、スプリント全体の審査、その他事項の確認をして、バックログ項目ごとにDone判定する。Done判定方法の詳細は、第6章で解説する。

バックログ項目ごとの審査では、開発チームは開発した内容をプロダクトオーナーに説明し、実際にソフトウェアを動作させてデモンストレーションをする。また、品質技術者または開発チームは、Doneの定義に従って、実際に成果物や記録を見せながら、各Doneの定義を完了していることを説明する。スプリント全体の審査では、Done判定後のバグの有無とその対応、およびアクションアイテムの完了状況を説明する。その他事項の確認では、定量データと振り返りやデイリースクラムの状況を説明する。以上の結果を踏まえて、プロダクトオーナーがDone判定する。Done判定は、ウォーターフォールモデル開発での出荷判定に該当するので、Done判定を受ければ顧客へリリース可能である。

②　品質技術者によるDoneの定義の事前審査

Done判定を厳密かつ効率よく実施するために、品質技術者があらかじめDoneの定義に対する達成状況を確認しておく。スプリントレビューの場で、プロダクトオーナーが、バックログ項目ごとに審査基準の達成状況を1つひとつ確認するのは時間がかかり、現実的でない。開発チームとは別に品質技術者を設定し、スプリント中に達成状況を確認しておき、スプリントレビューではその結果を報告する(詳細は第6章参照)。プロダクトオーナーは、その報告を受け、動くソフトウェアのデモンストレーションを見て、Done判定する。これにより、効率よくスプリントレビューを進めることができる。

③　ベロシティの確認

Done判定結果にもとづき、今回のスプリントでDone判定を受けたバックログ項目のストーリーポイントを合計して、ベロシティを確認する。ベロシティとは、1回のスプリントでDone判定を受けたバックログ項目のストーリーポイントの合計値である。ベロシティは、その開発チームが1回のスプリントで開発できる量を表す。ベロシティの数値が安定していれば、その開発チームが安定して一定量の開発ができていると考えてよい。

一方、ベロシティが大きくばらつく場合は、何らかの理由により安定的な開発ができていないことを示すので、その原因を分析して改善する。アジャイル開発の初心者チームでは、ベロシティが大きくばらつくことが多い。ベロシティの数値は、スプリント計画時に、開発対象バックログ項目を決める際の1つの判断基準となる。

④　ステークホルダーの意見

スプリントレビューにステークホルダーが参加している場合は、よい機会なので、今回開発した動くソフトウェアに対するコメントに加えて、開発対象ソフトウェアに対する意見や期待などを聞くとよい。それらをバックログへ反映して、顧客への価値提供を目指す。

(8) 振り返り

スプリントレビュー後に、開発チームは、今回のスプリントを振り返り、プロジェクトの改善に向けて話し合う。本書では、KPT(ケプトと呼ぶ)というプラクティスを使った振り返りを推奨する。振り返りは、2週間のスプリントの場合、1時間程度を目安とする。

KPTは、「Keep」、「Problem」、「Try」の頭文字をとったプラクティスである。KPTボード(**図5.3**参照)を準備する。以下に示す手順で、3つの観点で振り返りを行い、各自が意見を付箋に書き出して、KPTボードに貼りながら、参加者全員で話し合う。KPTボードは、常にフロアに掲示するなど、目に留まるところに置くとよい。

- Keep(よかった点)
  - ➢ スプリント期間中に実施した内容で、今後も継続すべきよかった点を、各自が2分間で付箋に書き出す
  - ➢1人ずつKPTボード(Keep部分)に貼り出しながら、内容を説明する
- Problem(問題点)
  - ➢ スプリント期間中に発生した問題点を各自が2分間で書き出す
  - ➢ 一人ずつKPTボード(Problem部分)に貼り出しながら、内容を説明

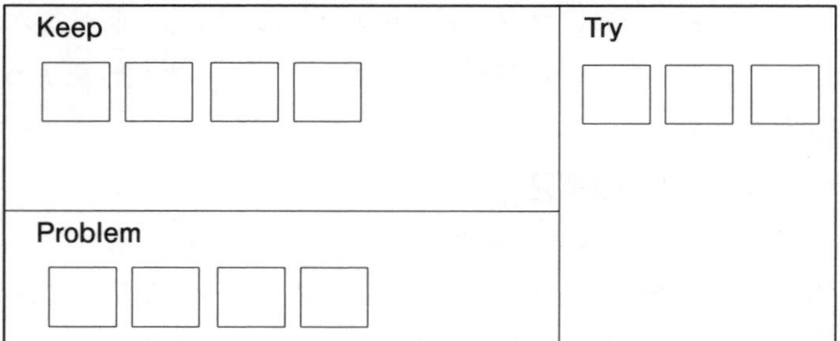

図5.3 KPTボード

する

- Try（改善点）
  - ➢Problemに上がった項目のうち優先的に解決したいものや、今後に向けて挑戦したいことなどを各自1つ選び、メンバーが一斉に指差す。
- メンバーから指差された事項のうち最も多いものについて、改善に向けて新たに試してみたい方法を話し合う。合意した新しい方法を書いて、Tryへ張り出す。必要であればバックログ項目としてバックログへ追加する

(9) マネジメント系プラクティスをうまく進める工夫

① タイムボックスを守る

アジャイル開発では、スプリントを時間で区切る。たとえ、あと1日あればこのバックログ項目が終わるのに、というときでも、時間が来たらそのスプリントを終了する。そのような場合は、そのバックログ項目は完了とせずに次のスプリントで残りのタスクを終了して、そのスプリントレビューでDone判定を受けるのである。

実際に取り組んでみると、タイムボックスを守るのは、簡単なようで難しい。ウォーターフォールモデル開発での最後の追い込みの癖がついているので、どうしてもスプリントを1日延長して完了(Done)にするほうへ開発チームの気持ちが動いてしまう。アジャイル開発では持続可能なペースを重視する。最後の追い込みでペースを上げると、次のスプリントが回らなくなってしまう。ずっと同じペースで開発を継続することにより、長期的な視点で品質と生産性を向上していくほうが重要である。

② 開発チームの自己組織化は長期で達成する

アジャイル開発の重要な考え方である、開発チームの自己組織化は、アジャイル開発への初期取組み段階では強く求めない。それより、以下のようにスプリントを繰り返し回して、毎回動くソフトウェアを開発できるようにすることを優先する。

column

Done 判定の例

タイムボックスを守るつもりでも、実際の場面では判断に迷うことが多い。実際の Done 判定の例を示すので、参考にしてほしい。

あるバックログ項目に残作業が残っている場合は、その残作業の内容によって、以下のように Done 判定する（**表 5.10** 参照）。

表 5.10　残作業の内容と Done 判定の例

No.	残作業の内容	Done 判定方法
1	残作業は1～2時間以内で完了見込み	条件付き完了（条件は残作業の終了）とする。 残作業を終了したら品質技術者がその作業結果を確認し、プロダクトオーナーの承認のもと、そのバックログ項目を完了とする なお、本来の条件付き完了は、Done の定義はすべて達成し懸念事項があるときの判定である（6.1 節(3)参照）
2	バックログ項目どおりに開発は完了したが、一部の機能に見直しが必要	見直しが必要な一部機能は、別のバックログ項目として切り出してバックログへ登録する 残りの部分は完了とする
3	上記以外	未完了とする 次のスプリントで残作業を終了させ、再度 Done 判定を受ける

- 技術リーダーがリーダーシップをとり、プラクティスを確実に実施する
- 技術者が自律的に動く習慣がつくように、開発チームに対する外部からの指示は避ける
- 毎回のスプリントで必要なタスクは開発チームが決め、品質や生産性を向上するために必要と思われることは、開発チームの裁量で実施する

開発チームが実施する振り返りでは、そのスプリントで問題となったこと

が話し合われ、次のスプリントでそれが改善されていることに留意する。もし、振り返りに、進捗遅れなどそのスプリントで問題となったことが自律的に話し合われない場合は、スクラムマスターなどから議論を促すほうがよい。議論を促しても前進しなかったり、改善事項として決めたことが次のスプリントで実行されないことが続く場合は、いずれアジャイル開発の進捗へ支障が出るはずである。このような場合は、開発チーム員のアジャイル開発への適性が不十分な可能性を念頭に置いて、開発チーム員の入れ替えを視野に入れて検討する。

5.6▶技術系プラクティスの実施ポイント

本書が推奨する技術系プラクティスとその概要を表5.11に示す。また、おのおののプラクティスの参考書籍などを巻末の付録3に掲載する。技術系プラクティスの実施レベルは、開発チームのスキルに依存し、成果物の品質に直接

表5.11　推奨する技術系プラクティス

No.	技術系プラクティス	概要
1	ペアワーク	2人1組で1つのPCを共有しながら作業を行う
2	テスト自動化と継続的インテグレーション	自動実行できるようにテストを作成し、ソースコードを更新するたびに、ビルドとテストを自動的に実施する
3	リファクタリング	外部仕様を変更せずに保守性の高いコードに修正する
4	ソースコードの共同所有	開発チームの誰もがすべてのソースコードを修正できる状態を維持する
5	レビュー	開発チーム員および関係者が集まって、設計内容の適切性を確認する
6	ドキュメント化	設計仕様書、テスト仕様書を作成する
7	バグのなぜなぜ分析と水平展開	バグの根本原因に基づき、同種のバグを摘出する

影響する。したがって、技術系プラクティスの実施レベルがアジャイル開発の成功を決めるといっても過言ではない。アジャイル開発では、スプリントやデイリースクラムなどに代表されるマネジメント系プラクティスに注目が集まりがちだが、実はアジャイル開発の成否の鍵を握るのは技術系プラクティスである。

選択したプラクティスを想定したように実施していなければ、きちんとした作り方ができていないことを意味する。きちんとした作り方をしないソフトウェアは、一見きちんと動くソフトウェアのように見えても、どこかで必ず品質的に綻びが出る[37]。急いで動くソフトウェアを作って、あとからテストでバグを叩き出すような作り方は、「アジャイルっぽい開発(第2章参照)」であって、アジャイル開発ではない。「アジャイルっぽい開発」は、品質だけでなく生産性も悪く[35]、いずれ失敗してしまう。

表5.11に示す技術系プラクティスのうち、レビュー(No.5)、ドキュメント化(No.6)、バグのなぜなぜ分析と水平展開(No.7)は筆者が追加したプラクティスである。これらは、実際にアジャイル開発を実施した結果、必要と判断したものである。なお、XPでは、バグの根本原因分析をプラクティスとして紹介しているが、バグの根本原因分析に基づく水平展開には言及していない。以下に、各技術系プラクティスの実施ポイントを説明する。

(1)　ペアワーク

①　ペアワークの概要とお奨めの適用ルール

ペアワークは、2人1組で会話をしながら開発する方法である。XPではペアプログラミングと呼んでいる。XPのペアプログラミングは、「プログラミング」の意味を分析、設計、テストとしているが、日本ではペアプログラミングという名称からコーディングだけを対象にすると誤解しかねないため、本書ではペアワークと呼ぶ。

ペアワークは、1台のマシンの前に2人で座り、ドライバー役がキーボードを叩き、もう1人はナビゲーター役となって指摘や助言を行いながら開発する。

ペアワークは、適用するタスクの内容によって、効果が大きく異なる。筆者は、さまざまな適用方法を試した結果、以下の適用ルールを推奨する[38]。

- 検討が必要なタスク(設計、コーディング、テスト設計)に対して適用する。
- テストプログラム作成やテスト実施など、1人のほうが効率がよいタスクには適用しない。

② ペアワークの評判と実際

実はペアワークの適用は、マネージャー層から評判が悪い。その理由は、2人で1つの仕事をするのだから、工数が2倍かかり生産性が低下するだろう、というものである。しかし、ペアワークによって生産性が低下するというデータはない。筆者の経験では、ペアワークを適用しても生産性は下がらない。むしろ、新規開発の場合は、ペアワークを適用しても、ウォーターフォールモデル開発と比較して生産性が向上する場合が多い(7.5節参照)。したがって、ペアワークによる生産性低下はないと考えてよい。

実際にペアワークを適用した開発チーム員からは、ペアワークは評判がよく、今後も継続したいという声が多い。開発チーム員によると、ペアワークをすると、開発中の細かい決断が早くなるというメリットがあるという。たとえば、コーディング中に実装方法で迷うと手が止まる。1人でコーディングしていると悩んで時間が過ぎてしまうが、ペアがいるとすぐその場で決断できるため、時間がムダに過ぎることがない。

また、ペアワークをすると、集中するためとても疲れるともいわれているため、休憩ルールをあらかじめ決めておくほうがよい。ペアワークを効率よく適用するための、ペアワーク適用ルールの例を、**表5.12**に示すので、参考にしてほしい。

(2) テスト自動化と継続的インテグレーション

① テスト自動化

テスト自動化は、アジャイル開発では必須のプラクティスである。短期リ

表 5.12　ペアワークの適用ルール(例)[38]

観点	ルール
適用方法	●検討するタスク(設計、コーディング、テスト設計など)に適用する ●1人のほうが効率がよいタスク(テストプログラム作成、テスト実施など)には適用しない
ペアの組み方	●少なくともペアの片方は、以下のスキルを保有している ➢そのタスクを実施するのに必要なスキル ➢改造対象の機能(設計、プログラム)を理解している ●新メンバーは、熟練者とペアを組む
ペアのローテーション	●毎日ペアをローテーションする ●仕掛中のタスクの場合は、ペアの片方はそのタスクを継続実施する
休憩の取り方	●1時間ペアワークしたら10分休憩を目安とする ●休憩したい場合は、互いに自由に休憩を提案してよい

リースを実現するためには、毎回手作業でテストするのは無理がある。また、後述するリファクタリングのためにも、必須である。4.1節で「常にテスト」がポイントだと説明したとおりである。単体テストは最も自動化しやすいので、まずは単体テストの自動化100%を目指すとよい。

②　継続的インテグレーション

継続的インテグレーション(CI：Continuous Integration)は、あらかじめ定めた時刻や、バージョン管理ツール上のソフトウェア成果物に変更があるたびに、コンパイルやテスト、静的解析といった一連のビルド作業を自動実行し、ソフトウェアを常に統合することである[5]。継続的インテグレーション実現のためには、テスト自動化が前提であるため、テスト自動化と継続的インテグレーションは、ペアで語られることが多い。

③　テスト自動化と継続的インテグレーションの実際

テスト自動化と継続的インテグレーションは、自動化するためのツール利用が欠かせない。また、テストの種類によっては、自動化に向くテストとそうでないテストがあることも念頭に置いてテスト自動化を進めるほうがよい。毎回繰り返しテストするようなリグレッションテストは自動化すべきである。

テスト自動化の状態を維持することは、開発チームには強い忍耐が求められる。アジャイル開発は、細かく分けて開発していく方式のため、前回のスプリントで作成したテストプログラムが、その部分に機能追加したために次のスプリントでは動かなくなることが頻繁に発生する。このため、過去に作成したテストプログラムを含めてスプリントのたびに修正する必要がある。たいていの場合、実際の開発作業より、テスト自動化にかかる工数のほうが大きいことを理解しておくべきである。

(3) リファクタリング

① リファクタリングの概要

リファクタリングとは、外部から見たときの振る舞いを保ちつつ、理解や修正が簡単になるように、ソフトウェアの内部構造を変化させることである[39]。リファクタリングにより、ソフトウェアの保守性が高まり、以降の機能追加が行いやすくなる。リファクタリングの前後で振る舞いが変化していないことを確認するために、テスト自動化が必須である。リファクタリング前に成功したテストが、リファクタリング後でも同様に成功することを確認して、外部から見たときの振る舞いが変化していないことを保証する。

リファクタリングをお奨めプラクティスに含めたのは、アジャイル開発では、機能追加を重ねると、気が付かないうちに内部構造が乱れてしまうことがあるためだ。たとえば、スプリントで機能追加をした後に、共通化すべき処理に気が付くといったことが頻繁に起こる。これをそのままにしておくと、以降の機能追加に時間がかかるだけでなく、デグレードを起こしやすくなってしまう。変更容易なアーキテクチャの維持のためにも、リファクタリングは必須である。

② ウォーターフォールモデル開発でリファクタリングしない理由

リファクタリングは、ウォーターフォールモデル開発では、ほとんど実施することがない。これは、直接的にはデグレード発生をおそれるためだが、実際にはテスト自動化が進んでいないので、リファクタリングしたくてもなかなかできないという面も影響していると思う。ウォーターフォールモデルで開発するソフトウェアのアーキテクチャ構造がモノリシックアーキテキチャであることが多いため、内部の実装構造を変えることの影響が広範囲に及ぶ可能性が高いという点もあると思う。

アジャイル開発でリファクタリングをプラクティスに採用する例が多いのは、テスト自動化を前提としていることと、短期リリースを実現するために、マイクロサービスアーキテクチャといったサービスごとの独立性の高い設計方法で開発することが多いためと考える。

(4) ソースコードの共同所有

ソースコードの共同所有とは、ソースコードの各部分に対して特定の開発チーム員が責任をもつのではなく、全員が全ソースコードに対して責任をもつという意味である。具体的には、特定のソースコードに対して、いつも決まった開発チーム員が機能追加をするのでなく、開発チームの誰でも機能追加をするように担当を回していくことにより実現する。また、ペアワークの相手を意識して変えることによって、さらにそのソースコードの内容を理解している人を広げる。開発チーム内部でも、ソースコードの共同所有をプラクティスに採用しているという意識が必要であろう。

このプラクティスにより、特定の開発チーム員が不在になると、開発が止まるといった事態を防ぐことができる。また、開発チーム員の交代を比較的スムーズに進めることができるようになる。

(5) レビュー

① アジャイル開発でのレビューの必要性

レビューとは、「開発中のさまざまなポイントで不具合を検出して除去する「フィルタ」」[37]である。レビューは、ウォーターフォールモデル開発で一般的に使われている技法であり、設計段階の早期から品質を確保するために適用する。アジャイル開発は、「設計からテストを一度に短期間でブレンドして実施する」[13]ので、時間的な意味での早期というより、実際にテストで動かして確認するには難しいケースを含む設計内容の確認を主な目的とする。

ペアワークとレビューの両方を推奨プラクティスにしている理由を説明する。ペアワークは2人で行うため、設計内容を理解しているのはそのペア2人だけである。一方、レビューは、開発チーム員全員が参加することを想定しているため、ペア以外の開発チーム員がその開発内容の妥当性を確認する機会となる。さらに、レビューには開発チーム員以外の識者の参加を考慮する。これにより、他システムとのインタフェースや技術問題などを確認する機会になる。

筆者は、ウォーターフォールモデル開発と同様、アジャイル開発でも、レビューをしなかったためにバグに気が付かなかったという事例を何度も経験している。こうした経験に基づき、アジャイル開発においても、開発チーム員や必要な関係者が集まったレビューを推奨している。

② レビューの実施方法

アジャイル開発のレビューは、できるだけスプリントの固定曜日に、開発チーム員と関係者が集まって、そのスプリントのバックログ項目に対してレビューを実施するようにするとよい。レビュー対象は、設計仕様書やテスト仕様書(次の(6)で説明)、ソースコードであり、必ずレビュー記録票を書く。ドキュメントがない状態で、設計内容を口頭で説明してのレビューは避けるべきだ。口頭説明は、レビュー時間がかかるだけでなく、後からレビュー内容を確認することができない。このため、バグ発生時にどこまで後戻りすべきかの判断ができなくなる。顧客に対する品質保証の十分性説明という観点でも、説得力が薄くなってしまう。

(6) ドキュメント化

① アジャイル開発でドキュメント化が必要な理由

アジャイル開発では仕様書は書かなくてもよい、と誤解している読者がいるかもしれない。アジャイル開発でも仕様書は書く。なぜなら、開発しているソフトウェアの保守や改修段階で、必ず仕様書が必要だからだ。プログラムを読めばわかるから仕様書は不要というのは、言い過ぎである。確かにプログラムを読めば表面的にはロジックを理解できるが、そのように設計した理由はプログラムからだけではわからない。あるいは理解するのに多くの時間を要する。仕様書があれば、正確かつ効率的に理解できる。

もしかしたら、設計仕様書を書かなければ、そのスプリントは効率的のように感じるかもしれない。しかし、以降のスプリントで逆に工数がかかり、全体の品質と生産性を低下させる。まず設計仕様書として文字にしないと、直接開発した人以外が、設計内容を正確に理解したりレビューできない。口頭での説明は、説明によって伝わる内容にばらつきが出て、関係者が全員同じ内容を理解しているかわからない状態になってしまう。何より、開発時には仕様を理解していても、次のスプリントまでその仕様を正しく覚えているか疑わしい。実際、筆者は、直近のスプリントで開発した機能に対する改造で、開発チームが記憶に頼って改造したために動作条件を誤り、バグとなったケースに何度も遭遇した。1カ月前くらいに自チームが開発した機能に対する改造であっても、である。

こうした事実から、開発チームの記憶に頼ることは危ないし、まして、他の人が作った機能の保守や改造において、プログラムからの情報だけで正しく仕様を理解することは難しいことが、おわかりいただけると思う。だから、仕様書は必要なのである。ちなみに、アジャイル開発の世界では、仕様書を書く書かないという問題は、すでに書くことで決着がついているというのが、筆者の認識である。

② ドキュメント化すべき仕様書の範囲

ウォーターフォールモデル開発と同じ種類と量の仕様書を作成するかどうかは、検討したほうがよい。筆者は、外部仕様とアーキテクチャ設計を設計仕様書として作成することをお奨めする。テスト仕様書では、少なくとも単体テスト以降の機能テスト、結合テスト、総合テストをテスト仕様書として作成することをお奨めする。内部仕様書は、作成するかどうかや、その記載の程度は、開発チームが決めればよい。筆者の経験では、内部仕様はプログラム内のコメントとしてメモ書きにしているチームが多い。なお、現実的には、単体テストも、多くのチームがテスト仕様書として作成している。

(7) バグのなぜなぜ分析と水平展開

① アジャイル開発でのバグのなぜなぜ分析と水平展開

バグのなぜなぜ分析と水平展開とは、重要なバグに対してそのバグを作り込んだり見逃した根本原因を分析し、同じ原因で残存する同種バグを摘出することをいう[35]。バグのなぜなぜ分析と水平展開の進め方は、ウォーターフォールモデル開発によるものと同じである。

アジャイル開発でのお奨めは、Done判定を受けた後に摘出されたバグに対して、バグのなぜなぜ分析と水平展開を実施する方法である。アジャイル開発での品質保証のポイントの１つに挙げた「常に振り返り」での、最も重要な振り返り項目が、Done判定を受けた後に摘出されたバグの振り返りである。

その理由は、Done判定後にバグが摘出されるのは、そのアジャイル開発に何らかの問題があることを示しているからだ。何らかの問題があるから、Done判定をすり抜けてそのバグが残ったのだから、同じ原因で他にもバグが潜在する可能性が極めて高いのである。実際、バグのなぜなぜ分析と水平展開により、かなり高い確率で、潜在する残りのバグを摘出することができる。バグの水平展開後は、忘れずにその根本原因をアジャイル開発のプロセスへフィードバックする。今後、その開発チームの開発で、同じ過ちを犯さないようにするためである。

②　バグのなぜなぜ分析の方法

バグのなぜなぜ分析は、バグの作り込み原因と見逃し原因からその根本原因を分析する[35]。見逃し原因では、レビューによる見逃し原因とテストによる見逃し原因から分析する。うまく分析するコツは、思い込みで分析するのでなく、仕様書の記載内容など事実に基づいて分析することである。これらの根本原因に基づいて、テストやレビューにより水平展開を実施し、潜在する残りのバグを摘出する。

③　デグレードバグが摘出された場合の対処

筆者の経験では、アジャイル開発でDone判定後に摘出されるバグは、デグレードバグが多い。デグレードバグとは、機能を変更していないにもかかわらず、その機能が動作しなくなるバグをいう。デグレードバグは、別の機能を追加変更したときに、他の機能がその追加変更の影響を受けた結果、発生する。つまり、あるバックログ項目を開発したとき、その開発による影響範囲を見誤ったために、思わぬ箇所へ影響が及んでしまった場合に発生するのである。

しかも、デグレードバグがやっかいなのは、関係ないと思っていた機能が動かなくなる事象のため、関係ないと思っていた機能をテストするまでデグレードバグに気が付かないという点である。影響しないと思っている機能はテストしないため、デグレードバグの発見が遅れてしまうのだ。仮に、リグレッションテストが自動化されていたら、どうだろうか。自動化されていれば、テストを実行するので、そのデグレードバグに早期に気が付くはずだ。ここでも、テスト自動化の程度が、アジャイル開発での品質確保に大きく影響することがわかると思う。

開発チームが影響範囲を正しく見極められない理由は、技術力が低いか、他の機能の実装をよく理解していないかのどちらか、あるいは両方が原因である。デグレードバグを摘出した場合は、バグのなぜなぜ分析でその根本原因を突き止め、同じ問題による同種バグが潜在していないかの水平展開が必須である。なぜなら、デグレードバグを引き起こす影響範囲を見誤るような開発方法では、どのバックログ項目でも同じように見誤っている危険性が高いからである。実際、デグレードバグが1件見つかると、水平展開で複数件のデグレードバグが見つかることは少なくない。また、以降のスプリントで同じ問題を発生させないよう、なぜなぜ分析の結果に基づいてプロセスを変える必要がある。

④ 新規バグが摘出された場合の対処

深刻なのは、Done 判定後に新規バグが摘出されるケースである。新規バグとは、新しく作り込んだ機能が正しく動作していなかったというバグである。新規バグが深刻という理由は、アジャイル開発の1回に作成する開発規模が小さいことによる。たとえば、5〜6人のチームで2週間のスプリントで可能な開発規模は、1,000 ライン前後が多い。複数のバックログ項目を開発する場合は、バックログ項目ごとでは500 ライン前後である。この程度の規模であれば、開発チームは、機能を正しく理解できるし、プログラムの中身を見渡すことができるはずだ。しかも、本書がお奨めする Done の定義で Done 判定していれば、開発で実施すべきことは実施しているはずである。

そのような中で、新規バグを作り込む原因といえば、開発チームの技術力による影響が最も多い。新規バグが摘出されたときの対応方法はデグレードバグと同じである。新規バグを連発するような場合は、その原因を分析し、必要なら開発チーム員の交代を考えた方がよい。

第6章

アジャイル開発のDone判定と品質技術者の役割

本章では、第4章で説明したアジャイル開発の成功率を高める一揃いの手法群のうち、Doneの定義およびDone判定の方法と、品質技術者の役割を、現場で実践できるよう具体的に解説する。

Done判定と品質技術者という役割は、スクラムなどのアジャイル開発技法では設定していないもので、本書独自の提案である。顧客が納得するようなアジャイル開発での品質保証の実践には、Done判定と品質技術者は欠かせないものと考える。

6.1 ▶Done判定の概要

(1) Doneの定義の構成

本書で推奨するDoneの定義を**表6.1**に示す。Doneの定義は、バックログ項目の完了を判定するための基準である。ウォーターフォールモデル開発でいえば、出荷判定基準に該当するのがDoneの定義である。なお、本書で説明するDoneの定義は、バックログ項目が開発要件の場合を想定したものである。開発要件以外の作業(たとえば開発環境の整備やリリース作業など)の場合は、Doneの定義を読み替えるなどにより、審査していただきたい。

① Doneの定義の構成

Doneの定義は、バックログ項目の審査基準とスプリントの審査基準の2種類から構成される。バックログ項目の審査基準は、各バックログ項目の完了判定に適用する。スプリントの審査基準は、スプリント全体に問題がないかを確認するためにスプリント全体に適用する。スプリントの審査基準で問題が見つかり、それがバックログ項目に影響を与える場合は、そのバックログ項目の完了判定にも影響が及ぶことになる。

② バックログ項目の審査基準　～プロセス品質とプロダクト品質の両面から評価～

バックログ項目の審査基準では、プロセス品質とプロダクト品質の両面から評価できるように考慮している。プロセス品質は、プロセス実行状況に対する分析評価、プロダクト品質は、成果物に対する分析評価により把握する。ソフトウェア開発における品質判定では、プロセス品質とプロダクト品質の両面から評価することが大原則である[35]。**図6.1**は、ウォーターフォールモデル開発のプロセス品質とプロダクト品質の分析評価を表したものである。ウォーターフォールモデル開発は、プロジェクト期間が長いために、各工程の終了時に品質判定して進める必要がある。的確に品質判定するには、プロセス品質とプロダクト品質の両面から評価することが欠かせない。アジャイル開発は、い

表 6.1　Done の定義（表 4.3 の再掲）

対象	カテゴリ	No.	審査観点	審査基準
バックログ項目	1. ツールによる確認	①	静的解析	ソースコード静的解析による高以上の指摘に対する修正：100%
		②	実行行数	関数単位の実行行数 200 行以下：100%
		③	ネスト	ネスト 4 以下：100%
		④	テストカバレッジ	テストカバレッジ：100% ※何らかの理由により実行していないコードは、レビューにより妥当性を確認済である
		⑤	セキュリティ	セキュリティ脆弱性検査による指摘に対する修正：100%
		⑥	OSS	OSS ライセンス違反検査による指摘に対する修正：100%
	2. テスト結果	⑦	新規テスト	新規テスト実施率：100% ※非機能テストなど、機能以外のテストを含む
		⑧	リグレッションテスト	リグレッションテスト実施率：100%
		⑨	テスト自動化	単体テスト自動化率：100% ※他のテストもできるだけ自動化する
		⑩	実行結果の記録	テストの実行結果の記録：100%
	3. 成果物の評価	⑪	設計仕様書	設計仕様書の成果物評価による指摘に対する修正：100%
		⑫	テスト仕様書	テスト仕様書の成果物評価による指摘に対する修正：100%
		⑬	ソフトウェア	ソフトウェア評価による指摘に対する修正：100% ※ソフトウェア評価対象には、マニュアル、インストーラーなど顧客に提供するものすべてが含まれる
	4. 成果物の登録	⑭	設計仕様書	設計仕様書一式の構成管理ツールへの登録：100% ※技術調査メモなどの必要情報を含む
		⑮	ソースコード	ソースコード一式の構成管理ツールへの登録：100%
		⑯	テスト仕様書	テスト仕様書一式の構成管理ツールへの登録：100%
		⑰	テストコード	テストコード一式の構成管理ツールへの登録：100%
スプリント	5. バグ対応	⑱	未解決バグ	未解決バグ：0 件
		⑲	水平展開	バグ分析と水平展開実施率：100% ※対象：当該スプリントで摘出された全バグ
	6. アクションアイテム対応	⑳	アクションアイテム対応	残存アクションアイテム：0 件 ※対象：当該スプリントで対応予定のアクションアイテム

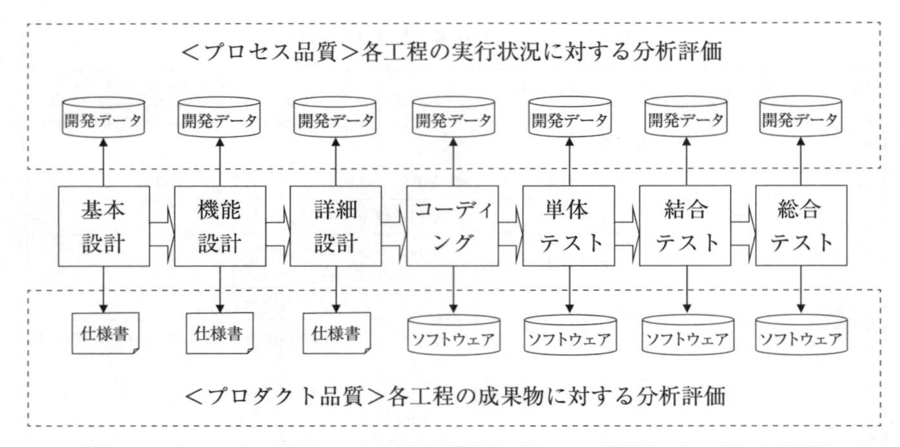

図6.1　ウォーターフォールモデル開発のプロセス品質とプロダクト品質

わば図6.1の横幅が圧縮したイメージであり、1回のスプリントでプロセス品質とプロダクト品質の両面から評価することになる。

バックログ項目の審査基準では、主にプロセス品質として、「1. ツールによる確認」および「2. テスト結果」で、ツールを使って常に計測した結果を確認するとともに、常にテストを実施した結果を確認する。主にプロダクト品質として、「3. 成果物の評価」および「4. 成果物の登録」により、仕様書と動くソフトウェアの成果物を評価するとともに、実際に成果物が格納場所に存在することを確認する。

③　スプリントの審査基準

スプリントの審査基準では、「5. バグ対応」および「6. アクションアイテム対応」により、スプリント全体の開発実施状況を確認する。スプリントに対する基準は、スプリント全体で確認する。

(2)　成果物の評価の考え方

バックログ項目に対する基準のうち、「3. 成果物の評価」について特に説明する。「3. 成果物の評価」は、第三者による評価を想定している。第三者とは、開発チーム以外の方を意味し、本書では品質技術者が実施することを想定している。品質技術者の設定が困難な場合は、開発チーム以外の方であればよい。

「3. 成果物の評価」をDoneの定義に含む理由は、スプリントレビューの場で動くソフトウェアを見せるだけでなく、実際に仕様書を含む成果物を評価しなければ本当に適切か判定できないためである。第三者が評価する理由は、開発者自身がその適切性を客観的に判定することは困難なためだ[35]。開発者自身が、客観的に自分の成果物を評価するのは無理がある。開発者は、仕様書評価であればどうしても仕様書の行間を読んでしまうし、マニュアルどおりにソフトウェアを評価しようとしても、無意識に知っている方法で動かしてしまう。また、スプリントレビューで動くソフトウェアを見せても、異常系などを含むすべての動作を見せるわけではないので、動作するソフトウェアを見せたから問題なしとはいえないのである。

アジャイル開発の成果物とは、設計仕様書、テスト仕様書およびソフトウェアである。本書で想定する「3. 成果物の評価」は、5～6人の開発チームで2週間のスプリントを実施するケースの場合に、1バックログ項目当たり1時間もかからない。第三者による評価といっても、決して大規模なものではなく、実際に適用できる程度を想定していることを理解していただきたい。

(3) Done 判定の方法

Done判定方法を、**表6.2**に示す。

Doneの定義に従って、各項目を審査した結果、すべて達成している場合は完了(Done)と判定する。Doneの定義をすべて達成しているが、懸念事項がある場合は、条件付き完了と判定する。懸念事項には、スプリントレビューで議論する過程で、Doneの定義以外に課題が判明した場合などが該当する。条件付き完了の場合は、懸念事項を解決し、プロダクトオーナーが条件解除と判断すれば、完了となる。

未達成のDoneの定義がある場合は、開発は未完了と判定し、次のスプリン

表6.2　Done判定の方法

判定	条件	完了のために必要な作業
完了	Doneの定義をすべて達成している。	なし
条件付き完了	Doneの定義をすべて達成しているが、懸念事項がある。	懸念事項の解決が完了条件となる。懸念事項を解決し、合否判定者が条件解除と判断すれば、完了
未完了	Doneの定義に未達成項目がある。	次のスプリントで未達成項目を達成し、そのスプリントレビューで再度Done判定を行い、完了判定を得る。

トへ申し送りとする。開発チームは、次のスプリントで残作業を実施し、次のスプリントレビューで再度Doneの定義に従って判定を受ける。Done判定は、ウォーターフォールモデル開発での出荷判定に該当するので、Done判定を受ければ顧客へのリリース可能である。

(4)　Doneの定義を意識したアジャイル開発の重要性

アジャイル開発では、短期間で繰り返し動くソフトウェアをリリースしていくため、スプリント最終日に初めてDoneの定義を確認するようでは遅い。確実にDone判定を受けるには、スプリント中から、Doneの定義を意識して開発を進めることがポイントとなる。

Doneの定義の「1.　ツールによる確認」および「2.　テスト結果」の各基準値を意識して、常に計測とテストを進める。もし基準値を達成していなければ、その場ですぐに是正する。そのバックログ項目のタスクを完了したら、品質技術者に「3.　成果物の評価」および「4.　成果物の登録」の確認をしてもらい、何か問題があればすぐに対応する。これを確実に実行することで、短期間のスプリントでDone判定を受けることができる。

6.2▶Done の定義と審査方法

Done の定義に沿って、各審査項目の意味と審査方法を説明する。本節は、品質技術者による事前審査を前提として説明している。適宜読み替えていただきたい。

(1)　ツールによる確認

ツールによる確認の審査項目を説明する（**表 6.3** 参照）。ウォーターフォールモデル開発と比較したアジャイル開発の品質保証面での最大の違いは、短期リリースへの対応であり、その対応のためには「常に計測」、すなわちツールによる自動確認が必須である。なお、ここで挙げた審査項目は、現時点での世の中のツール普及度合いと開発へのニーズを考慮して選んだ項目である。したがって、本項で挙げる 6 項目だけでなく、ツールによる確認範囲を広げる努力をお奨めする。

①　静的解析

静的解析は、ソースコードを対象とする静的コード解析を想定している。静的解析ツールによって得られるコーディングルール違反や、エラーの原因になりやすい実装パターンの指摘などにより、コーディング時にわかる問題が解

表 6.3　バックログ項目の審査基準　〈1. ツールによる確認〉

カテゴリ	No.	審査観点	審査基準
1. ツールによる確認	①	静的解析	ソースコード静的解析による高以上の指摘に対する修正：100%
	②	実行行数	関数単位の実行行数 200 行以下：100%
	③	ネスト	ネスト 4 以下：100%
	④	テストカバレッジ	テストカバレッジ：100% ※何らかの理由により実行していないコードは、レビューにより妥当性を確認済である
	⑤	セキュリティ	セキュリティ脆弱性検査による指摘に対する修正：100%
	⑥	OSS	OSS ライセンス違反検査による指摘に対する修正：100%

決していることを審査する。ツールによって、実際にはほとんど問題とならないような指摘が出ることがあり、すべてのツール指摘に対応するのは現実的でない場合がある。したがって、プロジェクト内で修正すべきレベルを決めて、その範囲は100%修正するというルールを設けて実施することをお奨めする。

② 実行行数

コードメトリクスの実行行数は、関数単位で200行以内を基準値とすることをお奨めする。この実行行数と次の審査項目であるネストは、一定値以下に収めることにより、バグの作り込みを劇的に減少できることが過去の現場の分析でわかっている[35]。200行以内という基準値は、その現場での分析結果から導いた数値である。なお、コードの実行行数と、複雑度や条件分岐数は、非常に高い相関関係を示す。つまり実行行数が増えれば、それに連れて複雑度や条件分岐数も増加するという関係にある。したがって、実行行数を一定値以下に抑えれば、コードの複雑度や条件分岐数も一定値以下に抑えることができる。

③ ネスト

ネストは4を基準値とすることをお奨めする。複雑度や条件分岐数と異なり、ネストと実行行数の相関は低いため、ネストと実行行数には直接的な関係がない。このため、ネストは実行行数とは別に審査項目を設けている。上述したように、ネストも一定値以下に収めることにより、バグの作りこみを劇的に減少できる。

④ テストカバレッジ

テストカバレッジは、100%を審査基準とする。テストカバレッジは、単体テストの十分性を判断するための項目である。テストカバレッジが100%であれば、まず単体テストは現実的なレベルで実施できていると考えてよい。

カバレッジの計測方法には、C0(命令網羅)、C1(分岐網羅)、C2(条件網羅)が知られている。C0は分岐を意識していないため不十分、C2はテスト項目数が膨大になり現実的でない場合があるため、本書ではC1での計測をお奨めする。それ以上は、開発対象バックログ項目の内容を考慮し、ケースバイケースで必要性を判断するとよい。

テストで動作させにくい箇所や、動作させるのに時間がかかる箇所がある場合は、100%を達成するのが難しいことがある。その場合は、その箇所をレビューで確認してもよい。その確認方法と確認した日時、確認者を別途記録しておき、Doneの定義の審査において説明できるようにする。

⑤　セキュリティ

セキュリティ脆弱性検査ツールによる指摘を100%修正していることを審査基準とする。セキュリティ脆弱性検査ツールはさまざまなものがあり、開発する対象ソフトウェアの特性に合わせて選択する。開発対象ソフトウェアがWebアプリケーションの場合は、Webアプリケーション脆弱性検査ツールを適用する。なお、セキュリティの確保は、ツールによる確認だけでは不十分で、設計段階から作り込む必要があることを意識しておく必要がある。

⑥　OSSライセンス

OSSライセンス違反検査ツールによる指摘を100%修正していることを審査基準とする。OSSを活用したソフトウェア開発は、一般的に行われている。注意すべきは、OSS利用時のOSSライセンスの遵守である。OSSは著作権法で保護されている知的財産であり、OSSライセンスは、OSSを利用する際の条件をOSS著作権者が定めたものである。複数のOSSを利用した場合にOSSライセンスが競合したり、意図せずOSSのソースコードを混入してしまうこともある。OSSライセンスを遵守せずに、製品販売などで再頒布すると、最悪の場合には訴訟となるリスクがあるため、本審査項目は重要である。

(2)　テスト結果

テスト結果の審査項目を説明する(**表6.4**)。アジャイル開発では、「常にテスト」が品質保証のポイントの1つである。本項では、必要なテストを確実に実施していることや、アジャイル開発で重要なテスト自動化が同時に実施できていることなどを審査する。

⑦　新規テスト

新規テストとは、今回開発した開発対象バックログ項目の機能に対するテ

表6.4　バックログ項目の審査基準〈2. テスト結果〉

カテゴリ	No.	審査観点	審査基準
2. テスト結果	⑦	新規テスト	新規テスト実施率：100% ※非機能テストなど、機能以外のテストを含む
	⑧	リグレッションテスト	リグレッションテスト実施率：100%
	⑨	テスト自動化	単体テスト自動化率：100% ※他のテストもできるだけ自動化する
	⑩	実行結果の記録	テストの実行結果の記録：100%

ストをいう。新規テストには、単体テスト、結合テスト、総合テストなどすべてのテストを含む。その新規テストを100%実施していることを審査する。ここでの100%は、予定したテスト項目を100%実施したことを確認する。テスト項目自体の妥当性は、「3. 成果物の評価」で確認する。

⑧　リグレッションテスト

リグレッションテストとは、開発対象バックログ項目を開発したことによって影響を受ける既存機能に対するテストをいう。リグレッションテストは、非機能テストなどテストの種類にかかわらず、すべてのテストを含む。そのリグレッションテストを100%実施していることを審査する。リグレッションテスト範囲の妥当性は、開発チームへのヒアリングや設計仕様書などにより確認する。

⑨　テスト自動化

テスト自動化は、開発対象バックログ項目の単体テストを100%自動化していることを審査する。テスト自動化の範囲は、単体テストだけでなく結合テストや総合テストなど、自動化できる範囲はすべて自動化するほうがよい。本審査項目で単体テストに限定している理由は、開発の効率化のために最低でも単体テストは自動化する必要があるとともに、単体テストなら現実的に自動化できると思われるためである。したがって、自動化の範囲は、開発内容によって具体的に決めればよく、その決めた範囲で100%自動化していることを確認する。

開発しながらテスト自動化を進めるのは、実は大変な作業であるため、この審査項目は、甘く判定しがちである。しかし、テスト自動化が遅れるとじわじわと開発作業へ影響が出るようになると理解し、厳密に判定することをお奨めする。

⑩ 実行結果の記録

実行結果の記録は、開発対象バックログ項目にかかわる全テストの実行結

column

「テスト項目100%実施」の意味を事前に合意する

「テスト項目100%実施」とは、予定したテストをすべて実施したことを意味する。その「予定」の意味するところを、関係者であるプロダクトオーナー、ステークホルダー、品質技術者および開発チームがあらかじめ合意しておくことが重要である。具体的には、スプリント計画時に、バックログ項目ごとにテストすべき範囲を議論し、合意しておくことをお奨めする。もし合意なしにスプリントレビューでテストすべきと考える範囲の食い違いが発生すると、Done判定できなくなり、リリースが1スプリント分遅れることになってしまう。

たとえば、あるOSSを機能に組み込んだときのこと。スプリントレビューでのリグレッションテストの範囲に対する開発チームの説明に対して、プロダクトオーナーが納得せず、もっと広い範囲のテストをするよう主張したことがあった。当然のことながら、Done判定できず、次のスプリントで範囲を広げてテストし、1スプリント遅れてその機能をリリースした。それ以降は、品質技術者が意識して、スプリント計画時にテスト範囲を具体的に議論するよう促し、食い違いが起きないように配慮するようになった。

果の記録が100％保管されていることを審査する。これは、ウォーターフォールモデル開発でも同様に実施していることで、後からテスト結果を確認したりするために必要である。

(3)　成果物の評価

成果物の評価の審査項目を説明する（表6.5）。上述したように、成果物評価は、品質技術者が実施することを想定している。品質技術者を設定できなければ、開発チーム以外の第三者でもよい。

成果物評価の対象は、動くソフトウェアだけでなく、設計やテストの仕様書を含む。仕様書を評価対象に選ぶ理由を説明する。ソフトウェアを動作させる評価だけでは、そのソフトウェアの内部的な構造は確認できない。内部の設計とそのように設計した理由を理解することにより、その機能の追加による影響範囲を特定できる。また、テストにより動作させて確認する方法では、すべてのケースを確認するのは無理がある。したがって、設計の十分性の確認のためには、設計内容の確認が欠かせないのである。

成果物評価は、その開発チームがアジャイル開発を開始した当初は、すべての開発対象バックログ項目の成果物評価を実施することをお奨めする。その開発チームのアジャイル開発が軌道に乗り、安定して開発できるようになったと判断できれば、開発対象バックログ項目をサンプリングして評価するようにしてよい。

表6.5　バックログ項目の審査基準　〈3. 成果物の評価〉

カテゴリ	No.	審査観点	審査基準
3. 成果物の評価	⑪	設計仕様書	設計仕様書の成果物評価による指摘に対する修正：100％
	⑫	テスト仕様書	テスト仕様書の成果物評価による指摘に対する修正：100％
	⑬	ソフトウェア	ソフトウェア評価による指摘に対する修正：100％ ※ソフトウェア評価対象には、マニュアル、インストーラーなど顧客に提供するものすべてが含まれる

⑪　設計仕様書

開発対象バックログ項目に関する設計仕様書の記載箇所を確認し、記載内容の妥当性を評価する。評価に当たっては、付録4.1および4.2の設計仕様書チェックリストを使用するとよい。付録の設計仕様書チェックリストは、基本項目と詳細項目で構成されているので、このうち基本項目をすべて確認する。詳細項目は、できれば確認する。基本項目とは、要件に対する網羅性、機能の一貫性や動作条件など、設計仕様書であれば共通的に要求される項目である。詳細項目とは、機能の細部にわたる内容の確認であり、機能の具体性や論理性、インタフェースなどバックログ項目固有の内容にかかわるものである。

確認した結果、何か問題点があれば、至急開発チームへ伝え、スプリントレビューまでに設計仕様書の修正を完了する。修正結果は、評価者が確認する。

⑫　テスト仕様書

開発対象バックログ項目に関するテスト仕様書のテスト項目を確認し、テスト内容の妥当性を評価する。評価に当たっては、付録4.3および4.4のテスト仕様書チェックリストを使用するとよい。付録のテスト仕様書チェックリストは、基本項目と詳細項目で構成されているので、このうち基本項目はすべて確認する。詳細項目は、できれば確認する。基本項目とは、実際にテストできるような記載説明になっているか、期待結果は具体的か、対応する設計仕様書に対する網羅性はどうかといった、テスト仕様書に共通的に要求される項目である。詳細項目とは、機能構造やインタフェース、既存機能への影響に関する項目で、そのバックログ項目固有の内容にかかわるものである。

確認した結果、何か問題点があれば、至急開発チームへ伝え、スプリントレビューまでにテスト仕様書の修正およびテスト実施を完了する。修正およびテスト実施結果は、評価者が確認する。

⑬　ソフトウェア

開発対象バックログ項目のソフトウェアを実際に動作させて、そのソフトウェアの妥当性を評価する。ソフトウェア評価対象には、マニュアル、インストーラーなど顧客に提供するものすべてを対象とする。ソフトウェアの評価は、顧客の立場に立った顧客視点で実施する。開発対象バックログ項目には、必ず以下の3要素が明らかになっているはずだ。その3要素が実現できるかどうかを中心に確認すればよい。

- 誰が
- 何のために
- 何をしたいのか

確認した結果、何か問題点があれば、至急開発チームへ伝え、スプリントレビューまでに解決する。ソフトウェアだけでなく、関係する設計仕様書やテスト仕様書の修正を含むのはいうまでもない。修正結果は、評価者が確認する。

(4) 成果物の登録

成果物の登録の審査項目を説明する(**表6.6**)。スプリントレビューの場で、実際に成果物の現物が規定の場所へ登録されていることを、全員で確認するようお奨めする。その理由は、あるはずという思い込みで確認を怠ると、実際には作成を忘れていたということが現実に起きるからである。

⑭ 設計仕様書

最終版の設計仕様書一式が、構成管理ツールへ格納されていることを確認する。

⑮ ソースコード

最終版のソースコード一式が、構成管理ツールへ格納されていることを確認する。

表6.6 バックログ項目の審査基準 〈4. 成果物の登録〉

カテゴリ	No.	審査観点	審査基準
4. 成果物の登録	⑭	設計仕様書	設計仕様書一式の構成管理ツールへの登録：100% ※技術調査メモなどの必要情報を含む
	⑮	ソースコード	ソースコード一式の構成管理ツールへの登録：100%
	⑯	テスト仕様書	テスト仕様書一式の構成管理ツールへの登録：100%
	⑰	テストコード	テストコード一式の構成管理ツールへの登録：100%

⑯ テスト仕様書

最終版のテスト仕様書一式が、構成管理ツールへ格納されていることを確認する。

⑰ テストコード

最終版のテストコード一式が、構成管理ツールへ格納されていることを確認する。

(5) バグ対応

本項(5)と次項(6)は、スプリント全体に対する審査項目である。開発対象バックログ項目の審査が一通り終了した後に、スプリント全体の審査をする。本項ではバグ対応の審査項目を説明する(**表6.7**)。本項で対象とするバグは、今回のスプリントより前にDone判定を受けたバックログ項目のバグである(詳細は7.3節(2)参照。以降は、Done判定後のバグと呼ぶ)。そのDone判定後のバグが、今回のスプリントで摘出された場合、本項で扱う。Done判定後のバグは、バグそのものを解決するのはもちろん、そのバグの水平展開まで実施することを審査基準とする。水平展開とは、バグのなぜなぜ分析を実施して根本原因を分析し、同じ原因で潜在し残っているバグを摘出することである[35]。

なお、今回のバックログ項目そのものが正しく動かないというバグは、各バックログ項目の審査項目⑦～⑩のテスト結果に関する審査基準で審査する。もし、バックログ項目そのもののバグがある場合は、⑦～⑩のテスト結果に関する審査基準のいずれかで未達成となるはずである。

表6.7 スプリントの審査基準 〈5. バグ対応〉

カテゴリ	No.	審査観点	審査基準
5. バグ対応	⑱	未解決バグ	未解決バグ：0件
	⑲	水平展開	バグ分析と水平展開実施率：100% ※対象：当該スプリントで摘出された全バグ

⑱　未解決バグ

スプリント全体で未解決のDone判定後のバグ(以降、未解決バグと呼ぶ)が残っていないことを確認する。未解決バグが、今回のバックログ項目へ影響する場合は、解決するまで、そのバックログ項目は完了とならないことに注意する。

どうしても未解決バグが残ってしまう場合は、その影響を明らかにするとともに、修正と水平展開の時期を明確にして、アクションアイテムとして管理する。未解決バグが、確実に解決できるようにするのである。

⑲　水平展開

Done判定後のバグは、バグそのものを解決するだけでなく、その水平展開まで実施する。その理由は、Done判定後のバグは、そのアジャイル開発に何らかの問題があることを示す証だからである。同じ原因で他にも同種のバグが潜在する可能性が極めて高いと考えるべきである。

さらに、以降のスプリントで同種のバグを作り込まないように、アジャイル開発のプロセスへフィードバックして、未然防止することが必須である。

(6)　アクションアイテム対応

スプリント全体のアクションアイテム対応の審査項目を説明する(**表6.8**)。

⑳　アクションアイテム対応

今回のスプリントで対応予定のアクションアイテムが残っていないことを確認する。未対応のアクションアイテムが、今回の開発対象バックログ項目へ影響する場合は、解決するまで、その開発対象バックログ項目は完了とならないことに注意する。

表6.8　スプリントの審査基準　〈6. アクションアイテム対応〉

カテゴリ	No.	審査観点	審査基準
6. アクションアイテム対応	⑳	アクションアイテム対応	残存アクションアイテム：0件 ※対象：当該スプリントで対応予定のアクションアイテム

6.3▶品質技術者の役割と実施事項

(1) 概要

品質技術者の活動を、スプリントの流れに沿って説明する。**図 6.2** は、品質技術者の活動を、2 週間のスプリントを例にして示したものである。図 6.2 は、5〜6 人の開発チームでスプリント期間は 2 週間、4 個のバックログ項目を実装するケースを想定している。図 6.2 のケースを想定して説明を進める。品質技術者は、スクラムマスターと連携を取りながら、スプリント計画、要求ワークショップ、スプリントレビューおよび振り返りに、関係者として参加する。

スプリント中においては、各バックログ項目の開発が終了するタイミングで、そのバックログ項目の事前審査をする。事前審査項目は、バックログ項目の Done の定義すべてである。事前審査にかかる時間は、1 バックログ項目当たり 1 時間程度である。事前審査で、バックログ項目の Done の定義の中で未達成項目を検出した場合は、至急開発チームへ連絡し、見直しを依頼する。ス

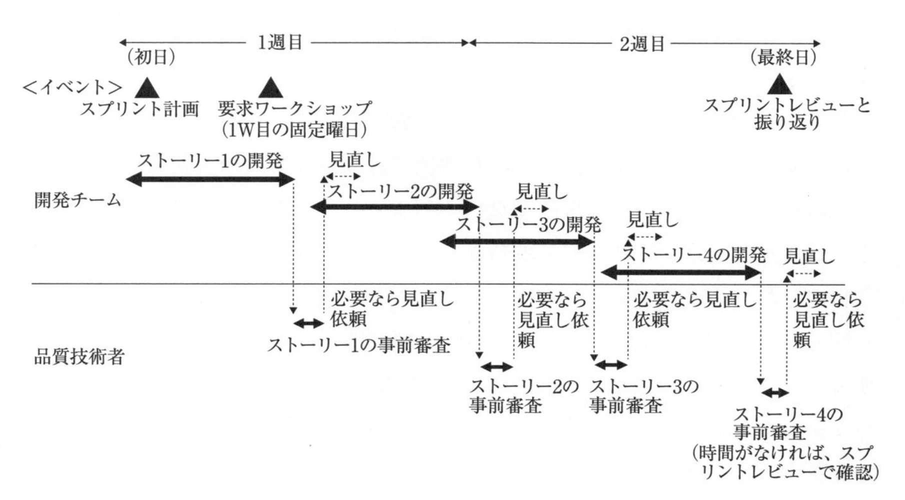

図 6.2　2 週間のスプリントでの品質技術者の活動(例)

クラムマスターとは事前審査状況を共有し、協力してDoneの定義の達成を目指す。スプリントレビューでは、事前審査の結果を報告する。

(2) バックログ項目に対する基準の事前審査

事前審査は、バックログ項目ごとに、Doneの定義を1項目ずつ審査する。審査結果は、Doneの定義の横に記録欄を追加したDone判定シート(付録1参照)に、審査した日付、確認した成果物の名前、実績値および判定結果を記録する。このDone判定シートの記録およびそこに記録された成果物は、重要な品質保証の確証となる。Doneの定義の審査方法は、6.2節で説明したとおりである。

バックログ項目に対する審査項目のうち、「1. ツールによる確認」、「2. テスト結果」、「4. 成果物の登録」は、該当箇所を確認すればすぐに審査できるはずである。審査方針は以下のとおりで、結果が未達成の場合は、その理由を開発チームに確認し、未達成が事実であれば対応するよう連絡する。

- 基準値を満足していれば達成、していなければ未達成と判定する
- あらかじめ条件を示している項目(例：④テストカバレッジでは、テストしにくい箇所のレビューでの確認を認めている)以外は、例外を認めない

基準値未達成の場合は、開発チームが何かと理由をつけて達成にしてしまいがちである。アジャイル開発は、短期間で繰り返しリリースするので、例外を認めると手間がかかり効率的でない。何より基準値を設定する意味がなくなる。したがって、シンプルに基準値満足なら達成、そうでなければ未達成という判定をお奨めする。

図6.2では、開発対象バックログ項目が順に開発されると想定して、品質技術者は完了したバックログ項目を順に事前審査している。現実には、複数のバックログ項目を並行して開発するなどさまざまなので、実態に合わせて事前審査をする。スプリントレビューの直前に完成するバックログ項目がある場合は、事前審査の時間がないので、スプリントレビューの場で直接確認してもよ

い。

(3) 成果物評価の方法

成果物評価は、図6.2の例で1バックログ項目当たり1時間以内を目安とする。品質技術者は、スプリント計画や要求ワークショップに参加して、各バックログ項目のねらいを理解しておく。その際、プロダクトオーナーと開発チーム間で以下のような食い違いが起きていないことに気を配る。

- バックログ項目の内容の理解の齟齬が起きていないか
- テストすべき範囲は合意しているか
- 性能などの非機能要件は明確か

成果物の評価では、付録4.1～4.4の設計仕様書チェックリストとテスト仕様書チェックリストを使うことをお奨めする。各チェックリストの上部の基本項目を確認すれば十分である。詳細項目は時間があれば実施する。ソフトウェアの評価では、顧客視点で動作させて、要件の目的を達成しているかを確認する。成果物評価の具体的な方法は、参考文献[35]の第6章および第7章を参照してほしい。

成果物評価は、アジャイル開発が軌道に乗るまでは、全バックログ項目に対して実施する。開発チームが安定して開発できるようになれば、成果物評価はサンプリング評価へ切り替えてもよい。その理由は、安定して開発できる状態では、Done判定を得られるような開発の方法が常識として開発チームや関係者間で共有できているため、そこから外れた開発は起きにくいからである。ただし、不十分な点が見つかった場合は、再度全バックログ項目の評価に戻し、安定して開発できるようになるまで継続する。

(4) スプリント全体に対する基準の確認

スプリント全体に対する基準では、Done判定後のバグとアクションアイテムを確認する。Done判定後のバグが摘出された場合は、その対応に時間がかかるので、あらかじめ心積もりしておく。Done判定後のバグが摘出された場合の実施項目を示す。

- Done 判定後のバグの解決
- Done 判定後のバグに対するバグ分析
- バグ分析結果に基づく水平展開
- バグ分析結果に基づくプロセス改善

特にバグ分析には時間がかかることが多いので、品質技術者は開発チームと一体となってバグ分析に取り組むとよい。水平展開では、同種のバグが複数件摘出されることが多い。もし、水平展開による摘出バグがゼロの場合は、的確なバグ分析ができていない可能性があるので、バグ分析の妥当性を見直すとよい。

バグ分析結果に基づくプロセス改善は、次スプリント以降にかかわる内容のため、Done の定義には含まれないが、同じ過ちを繰り返さないために確実に実施することが肝要である。開発チームによる振り返りで議論されるようにフォローするとよい。バグ分析の具体的な方法は、参考文献[35]の第5章を参照してほしい。

(5) その他事項の確認

Done の定義には含まないが、開発上の問題点の兆候を示すことが多いため、審査と同時に確認しておくべき項目を以下に挙げる。これらは、今回のスプリントでは顕在化しなかっただけで、今後問題となる可能性があるため、積極的に問題の兆候を把握する機会ととらえ、確認することをお奨めする。

- 振り返りやデイリースクラムで活発に議論し、改善が回っているか
- Done の定義以外の定量データで問題の兆候はないか

前者は、アジャイル開発で重要な「常に振り返り」ができているかを確認するものである。これは、開発チーム員が互いにコミュニケーションよく開発に取り組めているかを示す一端である。特に初心者チームの場合は、開発チームからの自律的な課題のエスカレーションに頼っていては、課題の解決が手遅れになることがあるので、こうした面から兆候を把握するとよい。後者のデー

タ分析については第7章で詳しく説明する。

(6) アジャイル開発の品質保証の十分性を示す確証

本書で示すアジャイル開発技法では、以下を品質保証の確証として利用できる。

- 適用したプラクティス一覧
- 記録済のDone判定シート
- Done判定シートに記録された成果物
- スプリントレビューの議事録
- 定量データ一覧(7.4節参照)

(7) 品質技術者の任命について

上述したように、品質技術者を任命することにより、確実にDone判定が実施できるようになる。スプリントレビューで、品質技術者が事前審査結果を報告し、その報告を受けてプロダクトオーナーがDone判定する。事前審査により、Doneの定義の達成状況を詳細に確認できるだけでなく、スプリントレビューを効率的に進めることができる。その結果、スプリントレビューで顧客価値を上げるための議論に時間を割くことができるようになる。また、品質保証の十分性に関して顧客の納得を得るという意味でも、客観的な立場で行った事前審査結果の記録や成果物を示しながら顧客へ説明することができる。

品質技術者を任命しない場合は、開発チームが自らDoneの定義の達成状況を確認し、スプリントレビューの場でプロダクトオーナーに説明することになる。この場合は、スプリントレビューの時間的制約から、Doneの定義の達成判断が、ほぼ開発チーム任せになり、客観性に乏しいことが課題となる。この場合は、本来の品質保証の目標である、顧客の納得性が低くなる危険性がある。

繰り返しになるが、顧客の納得を得られるような品質保証活動を自ら実行できるような開発チームは、少ないもののあると思う。品質技術者の任命は、開発チームの優秀さと顧客の要求の高さの程度を考慮して、判断すればよい。

第7章

アジャイル開発における メトリクスの活用

本章では、第４章で説明したアジャイル開発の成功率を高める一揃いの手法群のうち、アジャイル開発におけるメトリクスの活用方法を、自動計測する推奨メトリクスと、手動計測する推奨メトリクスに分けて解説する。また、ウォーターフォールモデル開発で広く適用されているメトリクスが、アジャイル開発でも通用するかについても議論する。さらに、ウォーターフォールモデル開発とアジャイル開発を実データで比較した結果を紹介する。これにより、ウォーターフォールモデル開発に対するアジャイル開発の位置付けを大まかに把握できると思う。

7.1▶メトリクスの活用ポイント

(1) アジャイル開発でのメトリクス活用のポイント

アジャイル開発は、短期間で繰り返しソフトウェアをリリースする技法である。短期間でソフトウェアをリリースするためには、初めからDoneの定義を満足するソフトウェアを作る必要がある。スプリントレビューでDoneの定義を満足していないことがわかっても遅い。だから「常に計測」して、今作っているソフトウェアがDoneの定義を満足していることを確認しながら開発を進めることが必要なのである。

少人数の開発チームで開発を進めるアジャイル開発では、自動化による省力化が必須である。少人数の開発チームで「常に計測」しながら、短期間で繰り返しソフトウェアをリリースできるようにするには、自動化が欠かせない。自動化していないために、「常に計測」が負担になるようでは、本末転倒である。自動化にはコストがかかるし、自動化できることとできないことがあるので、切り分けて考える必要はあるが、基本は自動計測するメトリクスを拡大する姿勢で取り組むべきである。

(2) アジャイル開発とウォーターフォールモデル開発のメトリクスの違い

アジャイル開発では、従来のウォーターフォールモデル開発で使用してきたメトリクスは利用できるだろうか。アジャイル開発でも従来のメトリクスは利用できるが、計測に工夫が必要である。なぜなら、アジャイル開発は、「短期間で繰り返しソフトウェアをリリースする」という特性をもつためである。メトリクスごとに、同じ計測方法で計測できるかどうか、できない場合はどうするかの検討が必要である。筆者は、ウォーターフォールモデル開発とアジャイル開発で共通化できるメトリクスはできるだけ共通化して、比較可能にすることをお奨めする。ソフトウェア開発はビジネスとして実施しているものなのだから、従来のウォーターフォールモデル開発に対するアジャイル開発の優位性とそうでない部分を定量的に把握すべきである。その比較の一端を、本章の最後に説明する。

7.2▶自動計測する推奨メトリクス

本書で自動計測を推奨しているメトリクスは、Doneの定義に示す、ツールによる確認の①～⑥である（表7.1）。第6章でも述べたように、これらは、現時点での世の中のツール普及度合いと開発へのニーズを考慮して選んだ項目で

表7.1　自動計測する推奨メトリクス（表6.3の再掲）

カテゴリ	No.	審査観点	審査基準
1. ツールによる確認	①	静的解析	ソースコード静的解析による高以上の指摘に対する修正：100%
	②	実行行数	関数単位の実行行数200行以下：100%
	③	ネスト	ネスト4以下：100%
	④	テストカバレッジ	テストカバレッジ：100% ※何らかの理由により実行していないコードは、レビューにより妥当性を確認済である
	⑤	セキュリティ	セキュリティ脆弱性検査による指摘に対する修正：100%
	⑥	OSS	OSSライセンス違反検査による指摘に対する修正：100%

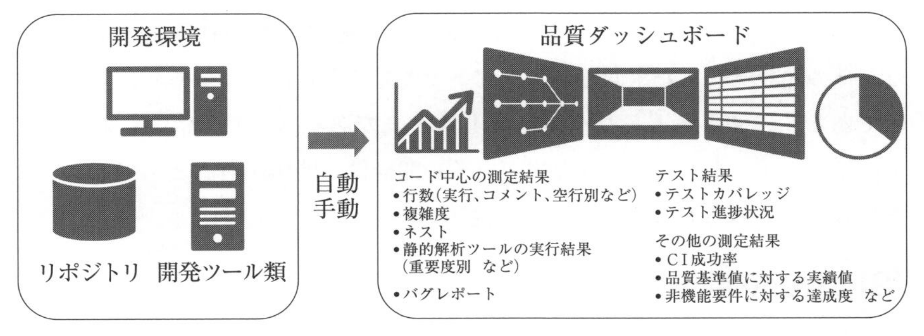

図7.1　品質ダッシュボードの例（図3.2の再掲）

ある。

自動計測したメトリクスは、1カ所に集めて表示することをお奨めする。これは品質ダッシュボードと呼ぶ仕組みである(**図7.1**)。基準値に対する判定結果まで表示することにより、現時点で開発しているソフトウェアがDoneの定義を満足しているかどうかを一目で把握できるようになる。未達であれば、その場で是正する。それを繰り返すことにより、スプリントレビューで確実にDone判定をもらえるソフトウェアを開発できるようになる。

7.3▶手動計測する推奨メトリクス

本節では、手動計測する推奨メトリクスを解説する(**表7.2**)。ストーリーポイントは、アジャイル開発特有のメトリクスであり、アジャイル開発では一般的に収集しているデータ項目である。Done判定後のバグ、工数、テスト項目数は、従来のウォーターフォールモデル開発で一般的に収集しているデータ項目である。これらの項目は、アジャイル開発の開発チーム間の比較や、従来のウォーターフォールモデル開発との比較のために重要である。他との比較は、アジャイル開発における品質保証の十分性を客観的に説明するために有用である。各項目の内容を以下に説明する。

(1) ストーリーポイント

ストーリーポイントは、アジャイル開発で一般的に使われる。ベロシティは、その開発チームが1回のスプリントで開発できる作業量であり、重要な数値である。未完了ストーリーポイントはゼロであるべきで、いつも未完了ストーリーポイントが残るようなアジャイル開発は、問題があるとしてプロセスを見直すべきである(詳細は7.4節で説明)。

(2) Done判定後のバグ

品質判定の意味で、筆者が最も注目するメトリクスは、Done判定後のバグ

表 7.2　手動計測する推奨メトリクス一覧

カテゴリ	単位	データ項目	説明
ストーリーポイント	ストーリーポイント(SP)	ベロシティ	今回のスプリントで完了したバックログ項目のストーリーポイントの合計値
		未完了ストーリーポイント	今回のスプリントで完了しなかったバックログ項目のストーリーポイントの合計値
Done判定後のバグ	件数	Done判定後のバグ	Done判定を受けた後に摘出したバグ
		うち新規バグ	今回のスプリントで開発した機能から摘出されたバグ
		うちデグレードバグ	ある機能の開発の影響を受けて既存機能が動作しなくなったバグ
		うち既存バグ	既存機能から摘出したバグ
工数	人時	工数	開発チームが、アジャイル開発に費やした工数
		うちペアワーク	ペアワークに費やした工数
		うちレビュー	レビューに費やした工数。レビュー記録票の合計工数を基本とする
テスト項目数	項目	新規テスト項目	今回のスプリントで開発した機能に対するテスト項目
		リグレッションテスト項目	既存機能に対するテスト項目

数である。Done判定後にバグが摘出される場合は、そのアジャイル開発に何らかの問題があると考えてよい。

①　Done判定後のバグの計測方法

Done判定後のバグの計測方法について説明する。Done判定後のバグとは「Done判定を受けた後に摘出したバグ」をいう。バグとはフォールトの意味であり、フォールトは「要求された機能を遂行する機能単位の能力の、縮退または喪失を引き起こす、異常な状態」[40]と定義される。一般にバグ、不具合、欠陥という用語は、フォールトの意味で使われる。本書では、一般に広く使われているバグという用語をフォールトの意味で使う。また、アジャイル開発の場合はDone判定と呼ぶが、ウォーターフォールモデル開発では出荷判定が該当する。

Done判定後のバグを具体的に表現した**図7.2**で説明する。スプリント1でバックログ項目1を開発してDone判定を受けた場合を想定する。バックログ項目1のバグは、スプリント2以降に検出した場合にカウントする。図7.2では、スプリント3でバックログ項目1のバグが検出されたので、ここでバックログ項目1のバグをカウントする。このカウント方法は、ウォーターフォールモデル開発で表現すれば、出荷後バグと同じ意味である。したがって、ウォーターフォールモデルの開発途中のバグ数と比較して、非常に小さい数値のバグ数となり、バグ数がゼロとなることも多い。

② Done判定後のバグを推奨する理由

アジャイル開発は、1回のスプリントの中で、設計からテストをブレンドして実施する(1.3節(3)参照)。設計から順に開発作業を進めることもあれば、テストコードの作成から始めることもある。したがって、開発チームによって開

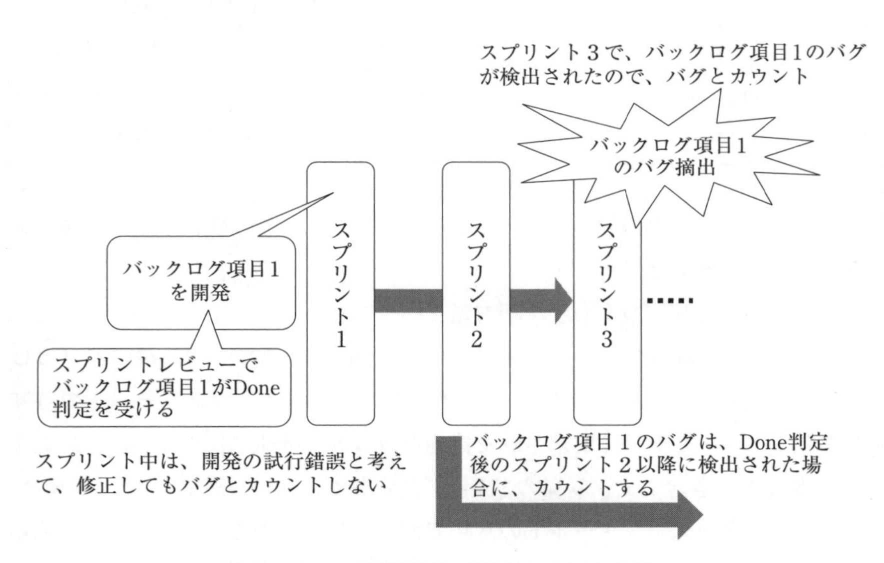

図7.2 Done判定後のバグのカウント方法

発の進め方が異なれば、バグのカウント方法も異なる可能性がある。

これに対して、Done 判定後のバグは、アジャイル開発の進め方に関わらず、どの開発チームでも統一して計測可能である。なお、Done 判定後のバグとは別に、個々の開発チーム内で独自のバグのカウント方法を決めてバグを計測するのはかまわない。

アジャイル開発では、「常に振り返り」が重要と解説した(4.1 節参照)。筆者が最も重要と考える振り返りは、Done 判定後のバグに基づく振り返りである。Done 判定後のバグは、開発の進め方に問題があることを示す確証のようなものである。Done 判定後のバグのなぜなぜ分析で判明した根本原因を、確実にプロセスへ反映して、2 度と同じ過ちを繰り返さないようにする。これは、品質マネジメントの 2 種類の管理対象である結果系と要因系で大別すると、要因系に該当する(4.1 節参照)。要因系とは、よいものを作り出すプロセスの適用により、初めからよいものを作る考え方である。そのよいものを作り出すプロセスの構築に該当する。

③ ウォーターフォールモデル開発での定義との関係

Done 判定後のバグのカウント方法は、実はウォーターフォールモデルでの考え方をアジャイル開発へ応用したものである。ウォーターフォールモデル開発では、設計工程では設計仕様書第 1 版が完成した以降から、コーディング工程ではコンパイル完了以降から、その工程で作り込んだバグをカウント開始する[31]。その理由は、設計中やコーディング中の試行錯誤は、試行錯誤であってバグではないと考えるためである。このため、設計が完了したと見なす設計仕様書第 1 版完成以降、コーディングではコンパイル完了以降からバグをカウントする。この考え方をアジャイル開発へ応用すると、多様な開発の進め方を許容するアジャイル開発では、Done 判定までのスプリント中は開発中であり、バグをカウントするのは、バックログ項目が完了した Done 判定を受けたとき以降とするのが適切と考えられる。

(3) 工数

工数の計測方法は、従来のウォーターフォールモデル開発と同じである。ペアワーク工数は、ペアワークをした時間とペア人数(2人)の積(人時)で求める。レビュー工数は、レビュー記録票によるレビュー時間と参加者数の積(人時)で求める。

ペアワーク工数とレビュー工数は、アジャイル開発の品質保証の十分性の判断の一助として使う(詳細は7.4節で説明)。工数そのものは、アジャイル開発単独では注目することが少ないが、他の開発チームとの比較や、従来のウォーターフォールモデル開発との比較に有用である。

(4) テスト項目数

テスト項目数の計測方法は、従来のウォーターフォールモデル開発と同じである。アジャイル開発では、テスト自動化により、同じテスト項目を何度も繰り返し実施するが、それは常に動くソフトウェアであることを確認しているということで、繰り返したテストの回数そのものに大きな意味はない。最終的に、出荷する版のソフトウェアでテストし、動くことを確認していることが重要である。

単体テストの十分性はテストカバレッジで判断できるが、それ以外の結合テストや総合テストなどの十分性は、テスト項目の内容で判断する必要がある。その判断の一助として、単位規模あたりのテスト項目数を使う(詳細は7.4節で説明)。また、他の開発チームとの比較や、従来のウォーターフォールモデル開発との比較でも有用である。

7.4▶メトリクスを分析・活用するポイント

本節では、前節の手動計測する推奨メトリクスを使って、収集した定量データによる具体的な確認方法を説明する。定量データ分析では、定量データが示す結果と、Doneの定義の完了・未完了の結果が矛盾することがある。その場合は、後述するように、矛盾する理由を分析し、必要な是正処置をする。具体的な是正方法は、個々の箇所に記載したので参考にしてほしい。

定量データは、**表7.3**のような形式でスプリントごとに1行でデータを整理すると確認しやすい。メトリクスごとに順に分析方法を説明する。なお本節では、基本的な内容の確認方法を紹介している。各開発チームのアジャイル開発の特性に応じて、さらに分析方法を工夫するとよい。

(1) ストーリーポイント

ベロシティの予定と実績の推移および未完了ストーリーポイントの推移を、以下のような観点から確認する。

- ベロシティは安定しているか

表7.3 定量データ一覧(例)

No.	スプリント	ストーリーポイント(SP)			Done判定後のバグ(件)				工数					テスト項目(項目/KL)
		ベロシティ		未完了	摘出数	内訳			生産性		ペアワーク		レビュー(人時/KL)	新規
		予定	完了			新規	デグレード	既存	Line/人時	工数/SP	工数(人時/KL)	比率(%)		

※SP:ストーリーポイント　開発規模=新規規模+改造規模
生産性(Line/人時)=当該スプリント開発規模(Line)/当該スプリント実績工数(人時)
工数/SP(人時/SP)=実績工数(人時)/完了SP
ペアワーク比率(%)=(当該スプリントペアワーク工数(人時)/当該スプリント実績工数(人時))×100
レビュー(人時/KL)=当該スプリントのレビュー工数(人時)/当該スプリント開発規模(KL)
新規テスト項目数(項目/KL)=新規テスト項目数(項目)/開発規模(KL)

- ベロシティの予定と実績の差異は小さくなる傾向にあるか
- 未完了ストーリーポイントは、ゼロが望ましい。ゼロでない場合は、減少傾向にあるか

アジャイル開発の初期段階では、Done 判定を受けること自体がむずかしいことが多い。開始して3カ月程度は、ベロシティはなかなか安定せず、未完了ストーリーポイントが計上されることが多い。3カ月過ぎくらいから徐々に安定してくると考えて分析するとよい。そのような傾向にない場合は、その原因を分析して改善につなげる。スプリントレビューの場で議論し、関係者全員で原因を分析するとよい。

(2) Done 判定後のバグ

Done 判定後のバグは、Done の定義により確認するので、ここでは、開発推移の観点でその傾向を、以下のような観点から確認する。

- Done 判定後のバグ数が発生している場合は、バグ件数は減少傾向にあるか
- Done 判定後のバグ数はゼロが望ましい。そのような傾向にあるか

Done 判定後のバグ数は、アジャイル開発の初期段階よりも、3カ月程度過ぎてアジャイル開発が軌道に乗ってきたころから発生することが多い。初期段階は Done 判定を得てうまく進んでいるように見えていたが、途中からバグが多発するようになったという開発事例は多い。これは、最初から問題のある開発方法だったものの、それが顕在化するのに時間がかかったということである。バグのなぜなぜ分析に基づき、その原因をプロセスへフィードバックして改善を確実に進めることが重要である。バグが発生し続けている場合は、改善が不十分であることを示す。改善が進まない原因の分析が必要である。

(3) 工数

① 総工数

総工数を、単位時間当たりの生産ライン数(Line/人時)と、単位ストーリー

ポイント当たりの時間(人時／ストーリーポイント)から確認する。

- 単位時間当たりの生産ライン数(Line/人時)は、安定しているか
- 単位時間当たりの生産ライン数(Line/人時)は、ウォーターフォールモデル開発の数値と比較して同等またはそれ以上か
- 単位ストーリーポイント当たりの時間(人時／ストーリーポイント)は、安定しているか

単位時間当たりの生産ライン数(Line/人時)は、ウォーターフォールモデル開発と比較可能な指標なので、ぜひ確認してほしい。ウォーターフォールモデル開発よりも低い場合は、原因を分析することをお奨めする(7.5節参照)。アジャイル開発では、バックログ項目の内容によって生産性が大きくばらつく傾向があるので、開発内容の特性を考慮にいれるとよい。

単位ストーリーポイント当たりの時間(人時／ストーリーポイント)は、ベロシティと似た指標値だが、開発途中に、開発日数や開発チーム員数を変えた場合に、その違いを考慮することができる。

②　ペアワークとレビュー

ペアワーク工数(人時/KL)、全工数に対するペアワーク比率(%)、レビュープラクティスを実施した時間であるレビュー工数(人時/KL)を確認する。筆者の経験を踏まえると、以下の観点から確認するとよい。

- ペアワークはペアワーク工数(人時/KL)単独では判断が難しく、ペアワーク比率(%)に注目する。ペアワーク比率は30%前後であることが多い。

  30%を大幅に下回る、または大幅に上回る場合(10%あるいは60%など)は、ペアワークのプラクティスが適切に運用できていない可能性があるので、ペアワークの適用方法を確認する。たとえば、適用するタスクの種類が適切かを確認するとよい(5.6節(1)参照)。大幅に下回る場合は、設計などペアワークすべきタスクをペアワークしていない可能性が考えられる。

  一方、大幅に上回る場合は、テスト実施など一人で実施するほうが効

率のよいタスクまでペアワークしている可能性が考えられる
- レビュー時間(人時 /KL)は、10〜20 人時 /KL 前後であることが多い。ゼロまたはゼロに近い数値の場合は、レビューを実施していないので、レビューの妥当性とレビュー実施方法を確認する

ペアワークとレビューは、設計内容やテスト内容の十分性を開発チーム内でお互いに確認するプラクティスであり、品質確保のために非常に重要である。特にレビューは、テストで確認しにくい条件での動作や変更容易性の考慮などの設計内容の十分性を、有識者によって確認できる機会である。有効に活用することが望ましい。

上記の分析で十分性に疑問がある場合は、Done の定義(表 6.1(p.105))の「3. 成果物の評価」の結果の⑪〜⑬を再度確認し、必要な処置をとることをお奨めする。なお、そのスプリントの実施内容の特性による影響もあるため、注意する。たとえば、テストを実施するだけのスプリントの場合は、レビュー対象物がほとんどないため、レビュー時間は小さい数値になる。

(4) テスト項目数

新規テスト項目数(項目 /KL)を確認する。新規テスト項目とは、今回の開発対象バックログ項目に対するテスト項目である。以下の観点から確認する。

- 新規テスト項目数(項目 /KL)は、少なくとも 100 項目 /KL 以上であり、たいていの場合これを大きく超えると思われる。100 項目 /KL より少ない場合は、テスト内容の十分性を確認する
- 新規テスト項目数(項目 /KL)は、ウォーターフォールモデル開発と比較して同等またはそれ以上か

新規テスト項目数(項目 /KL)は、ウォーターフォールモデル開発と比較可能な指標なので、ぜひ確認してほしい。ウォーターフォールモデル開発よりも低い場合は、原因を分析することをお奨めする(7.5 節参照)。新規テスト項目数(項目 /KL)が、100 項目 /KL より少ない場合は、Done の定義(表 6.1(p.105))の「1. ツールによる確認」の④テストカバレッジと、「3. 成果物の評価」の

⑪〜⑬を再確認する。

テストカバレッジ100%を達成している場合は、テスト項目の数え方の違いによる影響がある。テスト項目の数え方は、将来の開発チーム間の比較に備えて、あらかじめ組織で統一しておくほうがよい。Doneの定義（表6.1（p.105））の「3. 成果物の評価」の⑪〜⑬について、評価内容と結果を再度確認し、問題があると思われる場合は、必要な処置をとることをお奨めする。

（5） アジャイル開発をデータで品質判定できるか

ウォーターフォールモデル開発では、定量データ分析による開発状況の評価を重要視する。では、アジャイル開発でも、ウォーターフォールモデル開発と同じようにデータで品質判定ができるだろうか。

① アジャイル開発をデータだけで品質判定するのは難しい

結論からいえば、アジャイル開発をデータだけで品質判定するのは難しい。正確に表現すると、ウォーターフォールモデル開発でもデータだけでは品質判定できない。品質判定の原則であるプロセス品質とプロダクト品質の両面から品質判定すべきであり、一般に定量データ分析ではプロセス品質しか評価していないことが多いからである。

アジャイル開発でのデータによる品質判定は、ウォーターフォールモデル開発以上に難しい。その理由は、アジャイル開発の開発規模が小さいことによる。たとえば、5〜6人のチームで2週間のスプリントで可能な開発規模は、1,000ライン前後がほとんどである。定量データ分析では、1,000ライン（1KL）あたりで各数値を正規化することが多く、1KL未満の開発規模のデータは、もともと非常にばらつきが大きくなる傾向がある。このため、そのばらつきを問題とすべきか、それともたまたまなのかを判断するのが難しいのである。開発規模が小さい場合にデータ分析が難しいのは、ウォーターフォールモデル開発でも同じである。

② アジャイル開発の開発作業の十分性もデータだけでは判定困難

品質判定だけでなく、開発作業の十分性判定でも同様のことがいえる。アジャイル開発で、KL当たりの定量的な基準値を使って、開発作業の十分性を判定するのは難しい。データで判断できるのは、その開発作業の実施程度である。開発規模が小さい場合のKL当たりの数値は、一般に大きい数値を示す傾向があることを考慮すると、数値が小さい場合は、その開発作業の実施程度が不十分と考えてよさそうである。一方、数値が非常に大きい場合は、数値的には問題ないが、それだけで十分とは判断できない。中身の十分性の確認が必須である。

たとえば、500ラインの開発で、これに対するテスト項目数が５項目の場合は、KL当たりのテスト項目数は10(＝5項目/0.5KL)項目/KLとなる。現実的な意味を考えると、500ラインで10項目は経験的にテストとして少ないと考えられる。500ラインの実装内容に依存するのは間違いないが、それにしても10項目は、少なそうと思える。このように、数値が小さい場合は、テスト実施結果が不十分の危険性を考える必要がある。

一方、10ラインの開発でテスト項目数が５項目の場合は、KL当たりのテスト項目は500(＝5項目/0.01KL)項目/KLとなり、数値的には十分そうに見える。現実的な意味を考えると、10ラインで５項目が適切かどうかは、10ラインの実装内容に依存する。したがって、数値だけで十分とは判定できず、コードとテスト項目の内容の確認が必要である。

このように、データ分析結果に対する判断方法そのものは、ウォーターフォールモデルでの分析と同じである。異なるのは、アジャイル開発の１回のスプリントでの開発規模が極めて小さいという点だ。このため、データ分析で、ある程度の開発活動の十分性を判断するというウォーターフォールモデル開発のやり方は、アジャイル開発では難しい。アジャイル開発の開発作業の実施程度が少ない場合のみ、危険性を指摘できる。

7.5▶ウォーターフォールモデル開発とアジャイル開発の実データ比較

ウォーターフォールモデル開発とアジャイル開発では、違いがあるのだろうか。実際のデータで比較した結果を説明する。ウォーターフォールモデル開発において、新規開発と改修開発はデータの示す傾向が異なるため、本節でもこれらを分けて表示する。新規開発と改修開発の定義は以下のとおりである。

- 新規開発：ベースとなるシステムがなく、新規に開発するプロジェクト
- 改修開発：ベースとなるシステムに対して機能追加を行うプロジェクト

分析に使用したデータは、2015〜2018年に大手電機メーカーで実施したソフトウェア開発プロジェクトデータから、ウォーターフォールモデル開発とアジャイル開発の開発規模がほぼ同等のプロジェクト約300件である。開発対象は、Webシステム開発が主である。図に示す数値は中央値であり、ウォーターフォールモデル開発を100としたときの相対値である。**図7.3〜図7.10**は、新規開発プロジェクトおよび改修開発プロジェクトの、開発規模、開発期間、生産性、単位規模当たりのテスト項目数の4項目について、ウォーターフォールモデル開発（グラフ中はWF開発と表示）とアジャイル開発の中央値を比較

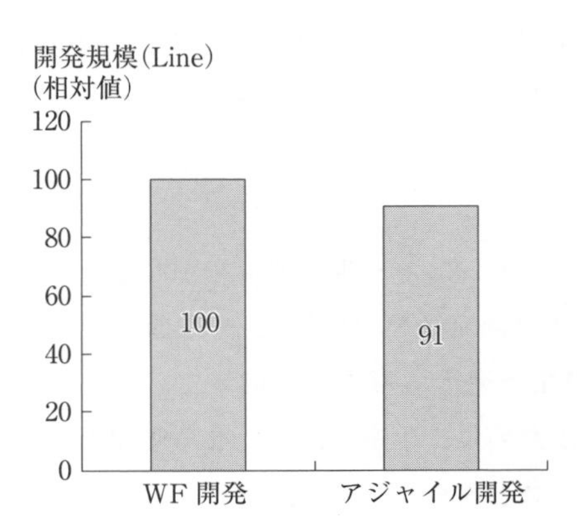

図7.3　新規開発：開発規模

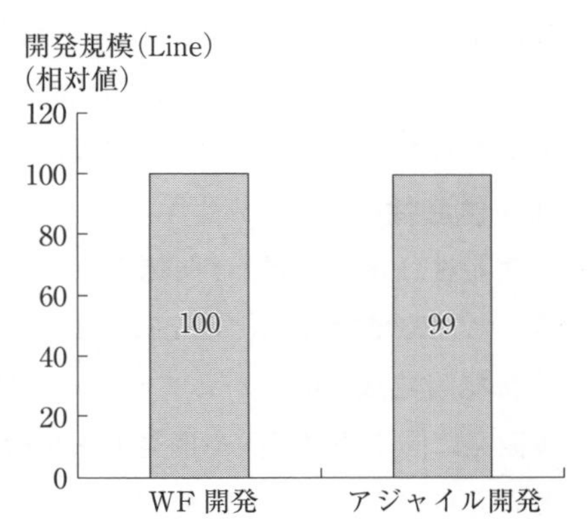

図7.4　改修開発：開発規模

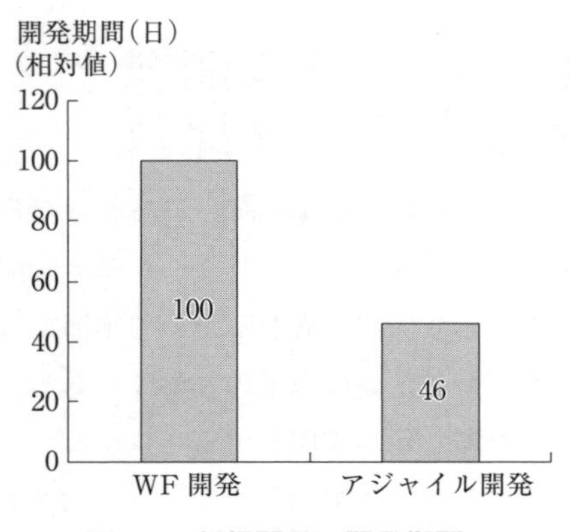

図 7.5　新規開発：開発期間

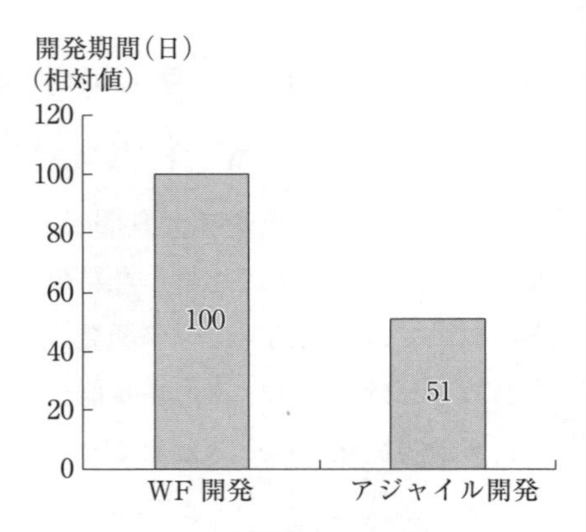

図 7.6　改修開発：開発期間

したグラフである。

①　開発規模の比較

開発規模は、ウォーターフォールモデル開発とアジャイル開発で同レベルの開発規模のプロジェクトを抽出しているので、ほぼ同等である(図 7.3 および図 7.4)。

②　開発期間の比較

開発期間は、ウォーターフォールモデル開発を 100 としたとき、新規開発では 46(図 7.5)、改修開発では 51(図 7.6)と約半分に短くなっている。これは、アジャイル開発のねらいが、短期間で繰り返しソフトウェアをリリースすることであるためであり、それが実際に実現していることがわかる。

③　生産性の比較

生産性(Line/ 人時)は興味深い。ウォーターフォールモデルを 100 としたとき、新規開発では 160(図 7.7)とよく、改修開発は 89(図 7.8)とやや悪い。

新規開発は、最初からアジャイル開発を適用することに加えて、アジャイル開発に向く開発対象や開発方法を選ぶために、生産性がよくなる傾向を示すと考えられる。一方、改修開発は、ベースとなるシステムがあり、ベースシステムと改修部分との関係に、設計、テストなどの多くの作業を必要とする。ま

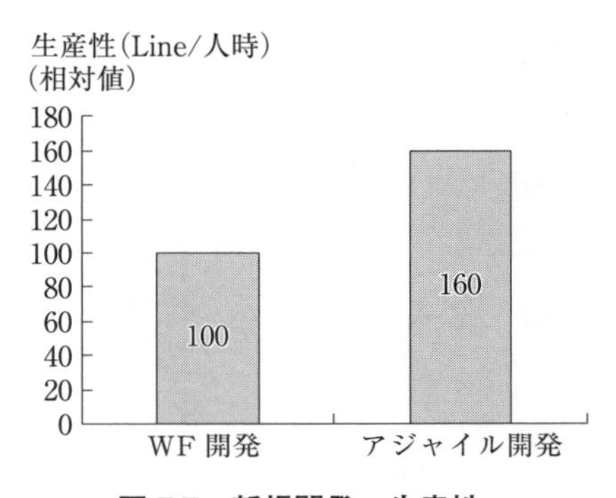

図 7.7　新規開発：生産性

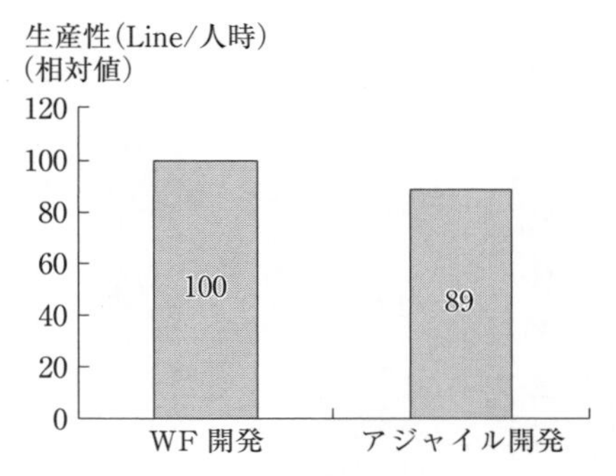

図 7.8　改修開発：生産性

た、ベースとなるシステムはほとんどがウォーターフォールモデルで開発されているため、テスト自動化など、アジャイル開発での必須条件を満足していない場合が多い。このため、プロセスモデルが変わっても作業内容は変わらず、アジャイル開発とウォーターフォールモデル開発の生産性があまり変わらなくなっているものと考えられる。なお、本データのアジャイル開発のプロジェクトは、プラクティスとしてペアワークを適用している。したがって、図 7.7 および図 7.8 は、ペアワークを適用しても生産性が低下することはないことを示すものとして注記しておきたい。

④　テスト項目数の比較

単位規模当たりのテスト項目数は、ウォーターフォールモデルを 100 としたとき、新規開発では 108(図 7.9)であり、改修開発は 235(図 7.10)である。ウォーターフォールモデルに比べて、アジャイル開発のテスト項目は多くなる傾向にあり、特に改修開発では 2.3 倍である。論理的には、テスト項目数は、プロセスモデルによらず一定であるはずだが、実際には、アジャイル開発のテスト項目は多くなる傾向にある。アジャイル開発の開発単位が小さいためテストしやすいということと、アジャイル開発ではツールによる計測を進めるため、より厳密にテストするようになるからではないかと推測する。

実際、この収集データの対象プロジェクトでは、テストカバレッジは、

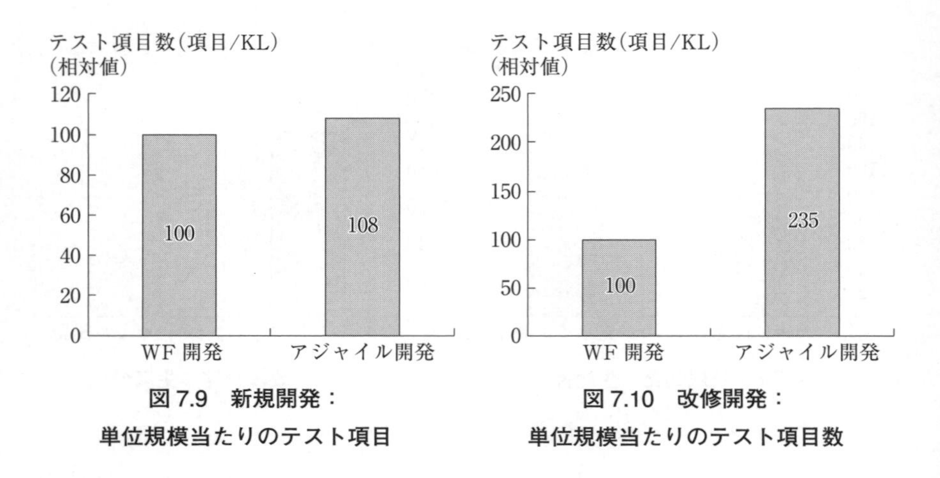

図 7.9　新規開発：単位規模当たりのテスト項目

図 7.10　改修開発：単位規模当たりのテスト項目数

ウォーターフォールモデル開発では出荷判定項目に必ずしも入っているわけではないが、アジャイル開発ではDoneの定義として採用していることが多い。こうした違いが、アジャイル開発のテスト項目が多くなる傾向に表れているものと考える。

第8章

リモートアジャイル開発の実際

本章では、リモートアジャイル開発が現実的な活動形態となってきたことを踏まえて、リモートアジャイル開発の実際について解説する。

具体的には、アジャイル開発の開発場所に注目し、開発チームを含む関係者全員がばらばらのリモート環境で働く開発体制の場合の、アジャイル開発の具体的な方法を解説する。実際にリモートアジャイル開発に取り組んでいる開発チームを調査し、取り組んでみなければわからない実際の問題と工夫、今後の課題を説明する。

8.1 ▶場所に注目したアジャイル開発体制の分類

アジャイル開発体制を開発場所の違いで分類したものが、表8.1である。アジャイル開発は、もともとプロダクトオーナーやスクラムマスターを含めた関係者全員が1カ所に集まって開発する体制を想定している(表8.1、No.1)。アジャイル開発は、コミュニケーションを重視し、個人間の暗黙知により開発を進めるという特徴があるためである。

日本では、ユーザー企業がIT企業へ開発作業を発注することが多いため、開発チームは1カ所に集結して開発するが、それ以外の関係者は別環境で働くという体制が見られる(表8.1、No.2)。開発チームがオフショア開発の場合もある。この形態では、開発チームとそれ以外の関係者とのコミュニケーションを緊密にすることが重要で、スプリントレビューなどのイベントだけでなく、毎朝実施するデイリースクラムをオンライン開催にするなどの工夫をする例が見られる。

最近の感染症対策で広がったのが、関係者全員がばらばらのリモート環境

表8.1　開発場所の違いで分類したさまざまなアジャイル開発体制

No.	開発体制	説明
1	開発チーム、プロダクトオーナー、スクラムマスターなど関係者全員が1カ所で働く体制	アジャイル開発が推奨する開発体制
2	開発チームとそれ以外が分かれた2カ所体制	開発チームを外注する場合によく見られる開発体制。開発チームがオフショア開発の場合もある
3	開発チームを含め、関係者全員がばらばらのリモート環境で働く体制	OSSの開発では、世界中の開発者が関与するため従来から行われてきた体制。感染症対策で一気に適用が拡大した

で働く体制である（表 8.1、No.3）。この体制は、OSS 開発では一般的に行われてきた方法で、世界中に開発者が散らばり、ネットワークを介して開発を進める。しかし一般的には、この体制で開発する事例は今まではあまり見られなかった。本章では、全員がリモート環境で働く開発体制に注目し、リモートアジャイル開発をうまく進める工夫について調査した結果を解説する。

8.2 ▶ あるリモートアジャイル開発チームの一日

あるリモートアジャイル開発チームの一日を表 **8.2** に示す。この開発チームは、全員が自宅などのリモート環境でばらばらに仕事している。開発チームの一日は、普通のアジャイル開発チームと変わらない。大きなポイントの一つは、グループチャットを使うか、可能なら終日リモートミーティングツールを立ち上げておき、話したいときにすぐに話せる状態にしておくことである。

朝、開発チーム員は、おのおのリモートミーティングツールにログインし、8：45 から 15 分開催するデイリースクラムに参加する。リモートツールでタスクボードやバーンダウンチャートを画面共有し、各自の本日の予定を申告する。そして一日が始まる。

ペアワークを予定しているペアは、コードやドキュメントなどの作成対象物を画面共有して、リモートミーティングツールを使って話しながらペアワークをする。複数のペアが同時にペアワークする場合は、リモートミーティングツールのセッション分割機能を使って分かれて並行して作業する。

開発中に、些細な質問や会話をしたいときには、まずグループチャットで全員へ声を掛ける。その後、リモートミーティングツールを使って全員で議論する。グループチャットで最初に声掛けする理由は、議論が不要なときはリモートミーティングツールをミュート状態にしておくからである。リモート環境では、同居する家族などへの配慮から、会議時にはイヤホンなどのヘッドセットが必要な場合がある。ヘッドセットを終日装着するのは体に負担になる

表8.2　あるリモートアジャイル開発チームの一日

時間帯		イベント	チーム員などの様子と進め方
朝		リモートミーティングツール※1立ち上げ	チーム員が三々五々ログイン
午前	8：45 ～ 9：00	デイリースクラム	チーム員全員と関係者が参加 ●リモートツール※2でタスクボードとバーンダウンチャートを画面共有 ●今日の予定を全員が申告 ●現在の進捗状況を共有
		ペアワーク （必要な場合）	●ペアが作成対象物を画面共有して実施 ●複数ペアが並行して実施する場合は、リモートミーティングツールのセッション分割機能を使用
		些細な質問や会話がしたいとき	●会話したい人がグループチャット※3で呼びかけ ●チーム員が全員参加でリモートミーティングツールで議論
昼休み			●各自がグループチャットで昼休み開始を宣言し、三々五々昼食へ ●再開時も同様にグループチャットで申告
午後			
	13：00 ～ 15：00	スプリントレビュー （定期イベントは開催日時を決めておき、定刻開催）	チーム員全員と関係者（プロダクトオーナー、ステークホルダー、スクラムマスター、品質技術者など）が参加 ●定期イベントは開催日時を決めておき、定刻開催 ●全員が定刻にログイン ●画面共有して、動くソフトウェアのデモなど ●ステークホルダーなどからフィードバックをもらう
	15：00 ～ 16：00	振り返り	チーム員全員と関係者が参加 ●リモートツールでKPT実施 ●画面共有しながら深掘りの議論 ●TRY項目を決めるときは、リモートツールのスタンプ機能などを使用して投票
終了時		業務終了時 リモートミーティングツール終了	●各自がグループチャットで業務終了を宣言し、三々五々ログアウト

※1：Zoomなど　※2：Jira、Google Jamboardなど　※3：Slackなど

ので、不要な場合はミュートにしておくのである。

昼休みは、12時前後に、各自が都合のよい時間帯に休む。昼休みの開始と終了時にグループチャットで申告する。

この日は、午後にスプリントレビューを予定していた。午後定刻になると、参加者がリモートミーティングツールにログインし、会議が始まる。会議は、必ず画面共有して、いま議論していることが全員にわかるようにする。その後に開催する振り返りでは、TRY項目を決めるときは、グループチャットのスタンプ機能などを使って投票する。

一日の終わりには、各自がグループチャットで業務終了を申告してログアウトする。

8.3▶リモートアジャイル開発のポイント

全員がばらばらのリモート環境で働くリモートアジャイル開発のポイントを表8.3に示す。もともとアジャイル開発が開発環境の整備を必要とするだけに、開発環境の整備が必要なリモート環境とは、開発環境の整備という意味で親和性があると考えられる。

リモートアジャイル開発の導入期には、リモート環境の不慣れによる一時的なパフォーマンスの低下を考慮する。ただし、それ以外は、リモートでない一般的なアジャイル開発と本質的な違いは見当たらない。なお、本節では、お互い面識のある開発チーム員によるリモートアジャイル開発を想定しているが、面識がない場合は、さらに開発チーム員同士がお互いを知る工夫が必要である。

何といっても、リモートでアジャイル開発できるだけのIT機器と通信環境の整備(No.1)は必須である。全員がビデオで顔を映しながら画面共有しての議論が、ストレスなくできなければ、リモートでのアジャイル開発は難しい。

話したいときにすぐ話せる環境作りは、リモートアジャイル開発の成功ポイントである。可能なら終日リモートミーティングツールを立ち上げておくこと(No.2)や、開発チーム員が話したいと思ったときの話しかけ方(No.4)を決め

表8.3　リモートアジャイル開発のポイント

No.	項目	ポイント
1	IT機器と通信環境の整備	●チーム員全員が統一したIT機器を揃えるほうが業務を進めやすい ●できればタブレットとタッチペンも揃えたい。画面共有して手書きしながら議論することができると、早く正確に伝わりやすくなる ●高速大容量の通信環境を準備する。そうでないと、画面共有して議論しようとすると、遅くなって仕事にならない
2	リモートミーティングツール	●可能なら常時立ち上げておき、全員が常時ログイン状態にして、いつでもすぐに議論できるようにする ●議論していないときは、ミュートにしてもよい
3	会議一般	●画面共有して、今議論していることがわかるようにする ●手書きは、タブレットとタッチペンを使う
4	業務中の些細な質問、会話	●グループチャットで声がけしてから、全員でリモートミーティングツールで議論する
5	業務開始と終了、昼休み	●業務開始時は、リモートミーティングツールへログイン ●昼休みは、開始と業務再開をグループチャットで申告 ●業務終了時は、グループチャットへ申告してからログアウト
6	定期イベント	●スプリント計画、要求ワークショップ、スプリントレビュー、振り返りなどが該当する ●あらかじめ開催曜日と時間を決めておき、時間になったら参加者がログインする
7	リモート環境のコミュニケーション方法	●話し終えたら「以上です」と言って、話し終わりがわかるようにする ●できればビデオで顔を映す
8	リモート環境でのアナログ的な工夫	●チームのTRY項目などをリモート環境に張り出して、忘れないようにする
9	業務に取り組む姿勢	●タイムボックスでメリハリをつける ●以下のような状態に陥らないようにセルフマネジメントする ➢ルーズになる ➢集中しすぎる(→バーンアウトしてしまうおそれあり) ➢思わず夜中や週末まで仕事してしまう。それに気が付いた別のチーム員が自分も同じようにやらないといけない気になってしまう

ておくと、コミュニケーションがとりやすい。また、打合せ時には、必ず画面共有したり、可能なら話しながら手書きができるツールを準備すると、理解が進みやすくなる(No.3)。業務開始、終了、昼休み時には、各自が申告(No.5)することや、定期イベントはあらかじめ設定しておいて、参加者が時間になったらログインする(No.6)などのルールを作って運用する。

リモートで会議をしてみないと気が付かないのは、リモート環境のコミュニケーション方法(No.7)である。顔を合わせて話しているわけではないので、発言の終わりがわからないために他の人が次の発言をしにくく、会議が沈黙状態に陥ることがある。このため、話し終わりに「以上です」と言って終わりがわかる話し方を心がけると、会議が効率的に進む。また、できれば各自の顔を映して、表情がわかるようにしたほうが話がスムーズである。

業務に取り組む姿勢(No.9)は、開発者一人ひとりの心がけが必要な項目である。リモートアジャイル開発に限らず、リモートワークはセルフマネジメントが重要である。時間にルーズになるだけでなく、逆に集中しすぎたりすることもある。それでバーンアウトしたり、夜中や週末まで仕事してしまうこともあるので注意が必要である。

8.4▶リモートアジャイル開発の継続的な課題

(1) 個人間の暗黙知に重点を置いたコミュニケーションの維持

アジャイル開発は、開発チームのコミュニケーションがカギとなる開発技法である。ウォーターフォールモデル開発のような文書化された形式知ではなく、個人間の暗黙知に比重を置く。その個人間の暗黙知に重点を置いたコミュニケーションを、リモート環境で維持できるかどうかが課題である。アジャイル開発特有の全員が発言しあって、わいわい議論を進めるような場を作ることも重要である。それは、開発チーム内だけでなく、プロダクトオーナーやステークホルダーなどを含めた関係者全員に共通することである。

リモート会議は、相手に伝わったかどうかを判断しにくい。顔が見えなければなおさらである。また、口頭説明だけでは伝わりにくい場合は、リモート環境でも手書きで図を書きながら説明する工夫が必要である。そういう方法をリモート環境で実施できるように開発環境を整備することをお奨めする。

お互いが人となりを知っているかどうかは大きい要素である。ウォーターフォールモデル開発でも、メンバーを知っているかどうかで初速に差が出る。アジャイル開発は、少人数開発であるだけに面識があるかどうかの影響は大きく、リモート環境という条件が加われば、お互いを知らないことはかなり困難な要素となってしまう。その解決には、できれば直接会える機会を作ったり、Web飲み会を開催したりということになるだろう。こうしてお互いを知ることで、この人がこういう発言をするのだから重大な問題なのだろう、というような判断ができるようになる。要するに、単純な多数決ではなく、重みのついた多数決ができるようになるということである。

(2) 個々人の高度なセルフマネジメント

アジャイル開発に限らず、リモートワークでは各自のセルフマネジメントが重要となる。アジャイル開発は、開発チームの自己組織化を進めることからもわかるように、もともと開発者に対して自律性を求める技法である。それに加えて、リモートワークという要素が加われば、なおさら開発チーム員個々の自律性が強く求められるようになる。時間にルーズにならず、適度な集中力を維持して、タイムボックスでメリハリをつけて働く。これは、かなりレベルの高い要求と思う。

その実現のための一助として、アナログ的な取組みが有効である。たとえば、開発チームが今取り組むべきKPTの重要なTRY項目などを書き出して各自のリモート環境に張り出す。こうしたきめ細かな取組みを積み重ねて、そのスプリントの重要なポイントを常に心がけるようにして、業務にメリハリをつける工夫が考えられる。

付　録

1．Done 判定シート
2. マネジメント系プラクティス一覧
3. 技術系プラクティス一覧
4. 成果物評価のためのチェックリスト
5. 本書とスクラムの用語対応表

付録1　Done 判定シート

スプリント	バックログ ID	バックログ内容	審査日	審査者

対象	カテゴリ	No.	審査観点	審査基準	確認する成果物	実績値	判定結果
バックログ項目	1. ツールによる確認	①	静的解析	ソースコード静的解析による高以上の指摘に対する修正：100%	ツール名：		
		②	実行行数	関数単位の実行行数200行以下：100%	ツール名：		
		③	ネスト	ネスト4以下：100%	ツール名：		
		④	テストカバレッジ	テストカバレッジ：100% ※何らかの理由により実行していないコードは、レビューにより妥当性を確認済である	ツール名：		
		⑤	セキュリティ	セキュリティ脆弱性検査による指摘に対する修正：100%	ツール名：		
		⑥	OSS	OSS ライセンス違反検査による指摘に対する修正：100%	ツール名：		
	2. テスト結果	⑦	新規テスト	新規テスト実施率：100% ※非機能テストなど、機能以外のテストを含む	新規テスト仕様書		
		⑧	リグレッションテスト	リグレッションテスト実施率：100%	リグレッションテスト仕様書		
		⑨	テスト自動化	単体テスト自動化率：100% ※他のテストもできるだけ自動化する	テスト実施結果		
		⑩	実行結果の記録	テストの実行結果の記録：100%	テスト実施結果		
	3. 成果物の評価	⑪	設計仕様書	設計仕様書の成果物評価による指摘に対する修正：100%	設計仕様書		
		⑫	テスト仕様書	テスト仕様書の成果物評価による指摘に対する修正：100%	テスト仕様書		
		⑬	ソフトウェア	ソフトウェア評価による指摘に対する修正：100% ※ソフトウェア評価対象には、マニュアル、インストーラーなど顧客に提供するものすべてが含まれる	評価結果報告書		
	4. 成果物の登録	⑭	設計仕様書	設計仕様書一式の構成管理ツールへの登録：100% ※技術調査メモなどの必要情報を含む	設計仕様書一式		
		⑮	ソースコード	ソースコード一式の構成管理ツールへの登録：100%	ソースコード		
		⑯	テスト仕様書	テスト仕様書一式の構成管理ツールへの登録：100%	テスト仕様書一式		
		⑰	テストコード	テストコード一式の構成管理ツールへの登録：100%	テストコード一式		
スプリント	5. バグ対応	⑱	未解決バグ	未解決バグ：0件	バグ記録		
		⑲	水平展開	バグ分析と水平展開実施率：100% ※対象：当該スプリントで摘出された全バグ	バグ分析、水平展開実施結果		
	6. アクションアイテム対応	⑳	アクションアイテム対応	残存アクションアイテム：0件 ※対象：当該スプリントで対応予定のアクションアイテム	アクションアイテムリスト		

付録2　マネジメント系プラクティス一覧

付録2.1　スプリント計画

プラクティス名	スプリント計画
目的	今回のスプリントで実装するバックログ項目を決め、タスクに分解し、スプリントの計画を立てる
方法	1. プロダクトオーナー、開発チーム、スクラムマスター、品質技術者が参加する 2. 開始時間と場所を決める。全員が集まれる時間と場所を設定する 3. 今回のスプリントで実装するバックログ項目を選択する ● 過去のスプリントのベロシティを元に、今回のスプリントのキャパシティ（消化できるストーリーポイントの総合計）を決める ➢ 過去のスプリントの実績がない場合は、開発チームで予測を立てる ● キャパシティに収まる範囲でバックログ項目を選択する ● 選択したバックログ項目をもとに、スプリントゴール（スプリントの目的）を合意する。開発チームは、一貫性のある機能を実装するために、スプリントゴールを常に念頭に置く 4. 選んだバックログ項目を実現するために必要なタスクをすべて洗い出し、見積りを行う ● 洗い出し、見積りともにメンバー全員で行い、合意を得る ● 見積りの単位は、ストーリーポイントを利用する 5. スプリントの作業の計画をタスクボードやバーンダウンチャートで見える化する
適用場面	スプリントの初日
効果	● そのスプリントで実装するバックログ項目およびそのタスクを明確にする
留意点	● スプリント計画の所要時間は、スプリント期間に応じて調整する。スプリント期間が2週間の場合は2～3時間程度とする。スクラムガイドでは、スプリントが1カ月の場合でも、最大で8時間としている ● 検討した結果、作業が多すぎたり、少なすぎたりした場合は、プロダクトオーナーと相談して、選択するバックログ項目を調整する ● 作業の粒度を1日に収まる程度にして、タスクボードやバーンダウンチャートで毎日の進捗を把握できるようにするとよい
お奨め文献	● 西村直人、永瀬美穂、吉羽龍太郎：『SCRUM BOOT CAMP THE BOOK』、翔泳社、2013年 ● Kenneth Rubin著、岡澤裕二、角征典、高木正弘、和智右桂訳：『エッセンシャル スクラム：アジャイル開発に関わるすべての人のための完全攻略ガイド（Object Oriented Selection）』、翔泳社、2014年 ● 独立行政法人情報処理推進機構社会基盤センター：「アジャイル型開発におけるプラクティス活用 リファレンスガイド（3.1.2. イテレーション計画ミーティング）」、独立行政法人情報処理推進機構、2014年 ● Ryuzee.com：「スプリントのキャパシティを明らかにする方法」 https://www.ryuzee.com/contents/blog/7135

付録 2.2　デイリースクラム

プラクティス名	デイリースクラム
目的	本日実施する作業を計画する
方法	1. 開発チーム、スクラムマスターが参加する。プロダクトオーナーはチームの要求に応じて参加してもよい 2. 毎日 15 分を目途とし、全員が集まれる時間、場所に設定する。朝でなくてもよい 3. 見える化したタスクボードやバーンダウンチャートの前に全員立って、各メンバーが以下を共有する ● 「昨日やったこと」 ● 「今日やること」 ● 「作業が進まなくて困っていることや相談したいこと」 4. 他のメンバーは、気づいたことがあれば適宜コメントする。たとえば、以下のような内容である。 ● 「その困ってるところは私が前にやった機能と関連するから、今日は一緒にペアワークやりませんか？」 ● 「そろそろスプリント中盤だけど、手つかずのタスクがいくつもありますね…。このあとちょっと集まって見通しを立てませんか？」
適用場面	スプリント中の毎日
効果	● 作業状況と問題を共有し、メンバーが助け合うきっかけを日々作り出す ● 最新の状況を反映した作業計画を立案することができる
留意点	● 必ず決めた時間と場所で始める。遅刻した人を待たない ● タスクボードや、バーンダウンチャートなどを用いて進捗の状況を確認しながら実施する ● 各メンバーは、全員に向かって話す。管理者への報告ではない ● 短時間で終えるために、全員立って実施するとよい ● 詳細な議論が必要な場合は、別途、必要なメンバーのみの場を設ける ● 課題や問題は、メモなどに残して、振り返りなどで利用するとよい
お奨め文献	● 西村直人、永瀬美穂、吉羽龍太郎：『SCRUM BOOT CAMP THE BOOK』、翔泳社、2013 年 ● Kenneth Rubin 著、岡澤裕二、角征典、高木正弘、和智右桂訳：『エッセンシャル スクラム：アジャイル開発に関わるすべての人のための完全攻略ガイド（Object Oriented Selection）』、翔泳社、2014 年 ● 独立行政法人情報処理推進機構社会基盤センター：「アジャイル型開発におけるプラクティス活用 リファレンスガイド（3.1.6. 日次ミーティング）」、独立行政法人情報処理推進機構、2014 年 ● Ryuzee.com：「デイリースクラムの TIPS（2016 年版）」 https://www.ryuzee.com/contents/blog/7083 ● Martin Fowler's Bliki (ja)：「朝会のパターン：立ってるだけじゃないよ」 http://bliki-ja.github.io/ItsNotJustStandingUp/

付録 2.3　要求ワークショップ

プラクティス名	要求ワークショップ
目的	次回のスプリントで実装予定のバックログ項目を詳細化し、開発が着手できる状態にする
方法	1. プロダクトオーナー、開発チーム、スクラムマスター、品質技術者が参加する 2. 開始時間と場所を決める。全員が集まれる時間と場所を設定する 3. 直近着手する予定のバックログ項目について、以下の 4〜6 を行い、開発が着手できる状態にする 4. バックログ項目(一文で表現されていることが多い)を以下の要件を満たすように詳細化する ● スプリントのキャパシティで、2、3 個の項目を実現できる規模である ● 開発チームが見積りできる程度に内容が詳細になっている 5. 開発チームで以下の見積りを行う。見積りの手順は下記の「全員参加での見積り方法」を参照のこと ● 見積りの単位にはストーリーポイントを使う ● ストーリーポイントの数値にはフィボナッチ数列(1、2、3、5、8、13)を使う ● すでに見積もっているバックログ項目と比較して、相対的にどの程度の規模(ストーリーポイント)になるかを検討する 6. 見積り結果を踏まえて、バックログの優先順位を見直す 全員参加での見積り方法(プランニングポーカー) 1. 開発チームの各メンバーがそれぞれがストーリーポイントを検討する 2. 検討したストーリーポイントを全員が一斉に開示する 3. 一番大きい値と、一番小さい値を出したメンバーが、ディスカッションを行い、他のメンバーはその意見を考慮する 4. 見積りの値が収束するまで 1〜3 を繰り返す ● 収束せずに意見が分かれた場合のルール(大きい数字を選ぶ、多数決で決める、中間の値にするなど)をチームで決めておくとよい。
適用場面	● スプリント中の固定曜日
効果	● 直近着手するバックログ項目の実施内容をプロダクトオーナーと合意することで、スプリント中に発生しがちな開発チームとプロダクトオーナーのムダなやりとりを減らすことができる。
留意点	● スクラムガイドでは、所要時間は開発チームの作業の 10%以下にすることが多いとしている。スプリント期間 2 週間の場合は数時間程度である ● 技術的な課題については、別途、検証用のバックログ項目を作成して対応する
お奨め文献	● Dean Leffingwell 著、藤井拓監訳、株式会社オージス総研訳：『アジャイルソフトウェア要求(Object Oriented SELECTION)』、翔泳社、2014 年 ● Mike Cohn 著、安井力、角谷信太郎訳：『アジャイルな見積りと計画づくり 〜価値あるソフトウェアを育てる概念と技法〜』、マイナビ出版、2009 年 ● 西村直人、永瀬美穂、吉羽龍太郎：『SCRUM BOOT CAMP THE BOOK』、翔泳社、2013 年 ● Kenneth Rubin 著、岡澤裕二、角征典、高木正弘、和智右桂訳：『エッセンシャル スクラム：アジャイル開発に関わるすべての人のための完全攻略ガイド(Object Oriented Selection)』、翔泳社、2014 年 ● Ryuzee.com：「プロダクトバックログ項目は Ready なものだけスプリントに投入するべきという話」 https：//www.ryuzee.com/contents/blog/7099 ● Ryuzee.com：「スクラムにおける技術的スパイクの進め方」 https：//www.ryuzee.com/contents/blog/7121

付録 2.4　スプリントレビュー

プラクティス名	スプリントレビュー
目的	スプリントで実装したバックログ項目をレビューし、Done 判定を行う
方法	1. プロダクトオーナー、開発チーム、スクラムマスター、品質技術者と、プロダクトオーナーが招待した重要なステークホルダーが参加する 2. 開始時間と場所を決める。全員が集まれる時間と場所を設定する 3. スプリントレビューの準備として、開発チームは、デモに必要な環境やデータ、手順などの準備をしておく 4. 開発チームは完成したものについてデモを行い、プロダクトオーナーやステークホルダーから出てきた質問に答える。 5. プロダクトオーナーは、Done の定義にしたがって達成状況を審査し、完了しているかを判定(Done 判定)する。品質技術者は、Done 判定の入力として事前審査結果を報告する 6. 完了(Done)判定したバックログ項目のストーリーポイントの合計を計算し、ベロシティを確認して記録する 7. プロダクトオーナーは、これまでの実績を踏まえて、必要な場合は目標やリリースの日程を見直す
適用場面	スプリント終了時
効果	● スプリントで実現したバックログ項目について、ステークホルダーやプロダクトオーナーのフィードバックを素早く得ることができる ● Done の定義を用いて Done 判定することで、常に一定レベルの品質を確保できる
留意点	● スプリントレビューの所要時間は、スプリント期間に応じて調整する。スプリント期間が 2 週間の場合は 2〜3 時間程度である。スクラムガイドでは、スプリントが 1 カ月の場合、最大で 4 時間としている ● スプリントレビューにて動くソフトウェアに対する細かい指摘が多く、時間が長くなってしまう場合は、要求ワークショップで詳細を決めるように見直すとよい
お奨め文献	● 西村直人、永瀬美穂、吉羽龍太郎：『SCRUM BOOT CAMP THE BOOK』、翔泳社、2013 年 ● Kenneth Rubin 著、岡澤裕二、角征典、高木正弘、和智右桂訳：『エッセンシャル スクラム：アジャイル開発に関わるすべての人のための完全攻略ガイド(Object Oriented Selection)』、翔泳社、2014 年 ● 独立行政法人情報処理推進機構社会基盤センター：「アジャイル型開発におけるプラクティス活用 リファレンスガイド(3.1.9. スプリントレビュー)」、独立行政法人情報処理推進機構、2014 年 ● Ryuzee.com：「スプリントレビューの進め方」 https://www.ryuzee.com/contents/blog/7133

付録 2.5　振り返り(KPT)

プラクティス名	振り返り(KPT)
目的	仕事の進め方を振り返り、改善の計画を立てる。
方法	1. プロダクトオーナー、開発チーム、スクラムマスター、品質技術者が参加する 2. 開始時間と場所を決める。全員が集まれる時間と場所を設定する 3. 以下のものを用意する ●付箋(5cm×5cm) ●サインペン(人数分) ●ホワイトボード(模造紙や、壁を使うのでもよい) 4. 2分間で、各自がスプリントであったよかったできごとや、Keep したいことを付箋に書く。タイムキーパーがベルを鳴らして開始終了を知らせる ●付箋1枚に、1件のできごとを書く。複数のできごとを書かない 5. 3分間で、付箋に書いたできごとを共有する。各自が書いたものを読み上げながら、ホワイトボードの Keep 領域に貼る 6. 2分間で、各自がスプリントであった Problem を付箋に書く。タイムキーパーがベルを鳴らして開始終了を知らせる 7. 3分間で、付箋に書いた Problem を共有する。各自が書いたものを読み上げながら、ホワイトボードの Problem 領域に貼る 8. Keep、Problem を眺めながら、次のスプリントで Try すべきことを考え、全員が一斉に指差す。最も多いものから Try 項目として選ぶ。以下のような内容を Try 項目として選ぶとよい ●上手くいっていることをよりよくする ●Problem の中で解決したいもの ●新しくチャレンジしたいこと
適用場面	スプリントレビュー後、次のスプリント計画が始まる前に行う
効果	●スプリントごとに仕事の進め方を改善することができる ●開発チーム員同士の考えを共有でき、コミュニケーションが高まる
留意点	●振り返りの所要時間は、スプリント期間に応じて調整する。スプリント期間2週間では、1時間程度である。スクラムガイドでは、スプリントが1カ月の場合、最大で3時間としている ●Problem を解消することにフォーカスしすぎない。問題にフォーカスしすぎるとメンバーの活気が失われることがある。うまくいっていることをよりよくすることも大事である ●Try は「努力する」、「きちんとやる」などの曖昧なものにしない。「できた」、「できない」がすぐに判断できる具体的な行動にする
お奨め文献	●天野勝：『これだけ！ KPT【これだけ！シリーズ】』、すばる舎、2013年 ●Esther Derby、Diana Larsen 著、角征典訳：『アジャイルレトロスペクティブズ　強いチームを育てる「ふりかえり」の手引き』、オーム社、2007年 ●森一樹：『(DL 版)ふりかえり読本 実践編～型からはじめるふりかえりの守破離～』、ふりかえり実践会、2019年 ●西村直人、永瀬美穂、吉羽龍太郎：『SCRUM BOOT CAMP THE BOOK』、翔泳社、2013年 ●Kenneth Rubin 著、岡澤裕二、角征典、高木正弘、和智右桂訳：『エッセンシャル スクラム：アジャイル開発に関わるすべての人のための完全攻略ガイド(Object Oriented Selection)』、翔泳社、2014年 ●独立行政法人情報処理推進機構社会基盤センター：「アジャイル型開発におけるプラクティス活用 リファレンスガイド(3.1.7. ふりかえり)」、独立行政法人情報処理推進機構、2014年

付録 2.6　タスクボード

プラクティス名	タスクボード
目的	チームの作業状況を可視化する
方法	1. 以下のものを準備する ● ホワイトボード(模造紙や、壁を使うのでもよい) ● 付箋(5cm×5cm) ● サインペン(人数分) 2. ホワイトボードに線を引き、Todo(未着手)/Doing(着手中)/Done(完了)の状態に区分けする 3. タスクを付箋に書き、Todo に貼る 4. タスクに着手した時点で、付箋を Doing の枠に移動する 5. タスクが終了した時点で、付箋を Done の枠に移動する
適用場面	デイリースクラムなど、作業状況を共有する場面で利用する
効果	● Todo/Doing に残っている作業の数を見ることで、進捗状況を大まかに把握することができる ● メンバーの作業状況が把握できることにより、助け合うきっかけを作り出す
留意点	● 付箋に書く内容はチーム内で統一する ● 適宜更新を心がける。情報が古いと信頼度が下がり、活用の妨げになる
お奨め文献	● Marcus Hammarberg、Joakim Sundén 著、原田騎郎、安井力、吉羽龍太郎、角征典、髙木正弘訳:『カンバン仕事術』、オライリージャパン、2016 年 ● Jimmy Janlén 著、原田騎郎、吉羽龍太郎、川口恭伸、高江洲睦、佐藤竜也訳:『アジャイルコーチの道具箱ー見える化実例集』、Leanpub、2016 年 ● 西村直人、永瀬美穂、吉羽龍太郎:『SCRUM BOOT CAMP THE BOOK』、翔泳社、2013 年 ● Kenneth Rubin 著、岡澤裕二、角征典、高木正弘、和智右桂訳:『エッセンシャル スクラム:アジャイル開発に関わるすべての人のための完全攻略ガイド(Object Oriented Selection)』、翔泳社、2014 年 ● 独立行政法人情報処理推進機構社会基盤センター:「アジャイル型開発におけるプラクティス活用 リファレンスガイド(3.1.10. タスクボード)」、独立行政法人情報処理推進機構、2014 年

付録 2.7　バーンダウンチャート

プラクティス名	バーンダウンチャート
目的	作業の進捗状況をグラフで可視化する
方法	1. 以下のものを準備する 　●ホワイトボード(模造紙でもよい) 　●サインペン 2. 縦軸を残作業の量、横軸を作業期間にした棒グラフを作成する 　●残作業の量には、タスクの見積時間の合計や、タスクの総数を利用することが多い 3. 毎日、残作業の量を計測し、グラフを更新する
適用場面	デイリースクラムなど、作業進捗を共有する場面で利用する
効果	●予定との乖離に気付き、改善をうながすきっかけを作る ●タスクボードとセットで利用することで、進捗状況をより正確に把握することができる
留意点	●タスクの粒度は1～2時間程度とする。タスクの粒度が1日以上と大きいと、数日間グラフが横ばいになり、進捗状況がわからなくなる ●適宜更新を心がける。情報が古いと信頼度が下がり、活用の妨げになる
お奨め文献	●西村直人、永瀬美穂、吉羽龍太郎:『SCRUM BOOT CAMP THE BOOK』、翔泳社、2013年 ●Kenneth Rubin著、岡澤裕二、角征典、高木正弘、和智右桂訳:『エッセンシャル スクラム:アジャイル開発に関わるすべての人のための完全攻略ガイド(Object Oriented Selection)』、翔泳社、2014年 ●独立行政法人情報処理推進機構社会基盤センター:「アジャイル型開発におけるプラクティス活用 リファレンスガイド(3.1.11. バーンダウンチャート)」、独立行政法人情報処理推進機構、2014年

付録3　技術系プラクティス一覧

付録3.1　ペアワーク

プラクティス名	ペアワーク
目的	よりよい開発の実現と、設計内容やコードの知識共有をする
方法	1. 以下のものを準備する ●PC、キーボード、マウス、大きめのモニター ●付箋紙やメモ用紙 2. ペア同士で相談して、役割を決める ●ドライバー：PCを操作する。 ●ナビゲーター：アドバイスなどのフィードバックを行う 3. 作業の目標を確認し、それに必要な作業内容を洗い出す 4. 作業を始める ●ドライバー役はこれからやろうとすることをパートナーに説明しながらPCを操作する ●ナビゲーター役はドライバーの説明を聞き、適宜アドバイスや注意を促す 5. 30分以内を目安に役割を交代する ●開発チームの人数が多い場合は、ペアの組合せ自体を変える場合もある 6. 1時間に1回は休憩(最低でも5分)をとる
適用場面	●設計やコーディング、テスト設計など検討が必要なタスク実施時
効果	●複数の開発者による相乗効果により、よりよい設計やコードを期待できる ●考え込む時間が削減されるなどにより、作業効率が向上する ●設計内容やコードの知識が共有されることで、急な開発者交代などのリスクに備えることができる ●教育的効果を期待できる
留意点	●慣れるまでは頻度高めに交代するとよい ●集中力を使うので、疲れを溜めないよう、適宜休憩をとる ●ドライバーとナビゲーターの共同作業が重要となるため、お互いにフィードバックできる状況が望ましい。ペアのスキルレベルに違いがある場合、スキルが高いメンバーについていけない状況が発生するので注意すること
お奨め文献	●ローリー・ウィリアムズ、ロバート・ケスラー著、(テクノロジックアート訳、長瀬嘉秀、今野睦監訳)：『ペアプログラミング―エンジニアとしての指南書』、ピアソン・エデュケーション、2003年 ●マーク・パール著、長尾高弘訳、及部敬雄解説：『モブプログラミング・ベストプラクティス ソフトウェアの品質と生産性をチームで高める』、日経BP社、2019年 ●独立行政法人情報処理推進機構社会基盤センター：「アジャイル型開発におけるプラクティス活用 リファレンスガイド(3.2.1. ペアプログラミング)」、独立行政法人情報処理推進機構、2014年

付録 3.2 レビュー

プラクティス名	レビュー
目的	開発チーム員および開発対象機能の関係者や高スキル者が集まって、設計内容の適切性を確認する
方法	1. 開発チーム、開発対象機能の関係者や高スキル者、スクラムマスターが参加する 2. 開始時間と場所を決める。できるだけ全員が集まれる時間と場所を設定する 3. できれば、レビュー対象機能を説明する設計仕様書やテスト仕様書を参加者に事前に送付し、事前チェックしてもらう 4. レビューミーティングを開催する ● 開発チームの担当者が、レビュー対象機能を説明する ● レビューア（開発対象機能の関係者や高スキル者、説明者以外の開発チーム員など）から不明点や問題点を指摘する ● レビューでの指摘内容をレビュー記録票に記録し、バグ判定する 5. レビューミーティング後、発見したバグを修正する
適用場面	設計内容の適切性の確認時
効果	● 開発チーム員だけでなく関係者や高スキル者に確認してもらうことにより、テストでは確認しにくい業務面や技術面などから多角的に設計内容の適切性を確認できる ● 開発チーム員の知識共有や教育的効果を期待できる
留意点	● レビューアは、開発対象機能に関連する分野（業務面、技術面など）について広く深い知識をもつ関係者や高スキル者へ依頼するとよい ● レビューミーティングを効率的に進めるには、ミーティング時は問題点の指摘にとどめ、修正方法や修正内容まで深入りしないほうがよい ● バグ修正後には、レビュー記録票にもとづきすべての指摘に対応していることを確認する
お奨め文献	● 森崎修司：『なぜ重大な問題を見逃すのか？ 間違いだらけの設計レビュー 改訂版』、日経SYSTEMS、2015 年 ● Karl E. Wiegers 著、大久保雅一監訳：『ピアレビュー　～高品質ソフトウェア開発のために～』、日経 BP ソフトプレス、2004 年

付録 3.3　ソースコードの共同所有

プラクティス名	ソースコードの共同所有
目的	すべてのコードに対して、開発チームの誰もが修正できる状態を作り、コードに対する属人性を低減する
方法	以下に挙げる活動を行い、ソースコードを共同で管理している状況を作る 1. 環境を準備する ● コーディング規約の整備 ● 構成管理ツールの導入 2. プラクティスを導入する ● ペアワーク ● レビュー ● リファクタリング
適用場面	開発中常時
効果	● コードの修正を依頼する必要がなくなるため、依頼に必要な調整や修正の待ちといった時間がなくなり、迅速な対応が可能となる ● 開発者の急な交代に備えることができる
留意点	● コードの修正を安全に行うため、コーディング規約や構成管理ツールなど環境の整備は必ず行うこと。コードの書き方に関するムダな議論や、ミスによる手戻りが頻発すると、共同で管理する意識が薄れてしまう
お奨め文献	● Martin Fowler's Bliki（ja）：コードの所有 https://bliki-ja.github.io/CodeOwnership/ ● 独立行政法人情報処理推進機構社会基盤センター：「アジャイル型開発におけるプラクティス活用 リファレンスガイド(3.2.12. 集団によるオーナーシップ)」、独立行政法人情報処理推進機構、2014 年

付録3.4　テスト自動化

プラクティス名	テスト自動化
目的	テストを自動化することで、テストの実行品質を高め、そのコストを下げる
方法	1. xUnitなどのユニットテストフレームワークや、SeleniumなどのUI自動操作ツール、Jenkinsなどのテスト自動化ツールを導入する 2. テスト規約を用意する 3. テストコードを書き、テストコード自体の妥当性をレビューする 4. 自動化ツールを使って実行する 5. 結果を確認して、必要な処置をする 6. テスト結果がOKとなるまで上記（実行→修正）を繰り返す 7. 自動化テストへ組み込んで、毎回のテストで自動実行する
適用場面	テスト時
効果	●テストの実行コストが下がり、高頻度でテストを行うことができるようになり、デグレードの防止につながる
留意点	●テスト自動化を始めるときは、期待結果を検証できそうな部分に絞って開始するとよい ●最初はメソッド1つに絞って、テストコード作成、自動実行、確認までの一通りを完成させ、それを拡大する ●テスト結果の確認方法は、チャットやメールなど常に全員が参照する方法を選ぶ ●「テストが失敗したら、手を止めて修正する」をグランドルールにするとよい ●すべてのテストを自動化しようと考えないこと。ユーザビリティテストなど自動化できないテストや、手動で行った方がよいテストもある ●テスト自動化で実行品質は高めることができるが、ソースコードそのものの品質は高めることができない ●テストの作成コストだけでなく、仕様変更に追従するためのコストも考慮しなければならない
お奨め文献	●高橋寿一：『知識ゼロから学ぶソフトウェアテスト［改訂版］』、翔泳社、2013年 ●Jonathan Rasmusson著（玉川紘子訳）：『初めての自動テスト—Webシステムのための自動テスト基礎』、オライリージャパン、2017年 ●Mark Fewster、Dorothy Graham著、テスト自動化研究会、伊藤望、玉川紘子、長谷川孝二、きょん（森龍二、近江久美子、永田敦、吉村好廣、板垣真太郎、浦山さつき、井芹洋輝、松木晋祐、長田学、早川隆治訳、鈴木一裕、太田健一郎監修）：『システムテスト自動化 標準ガイド（CodeZine BOOKS）』、翔泳社、2014年 ●テスト自動化研究会：「テスト自動化の8原則」 https://sites.google.com/site/testautomationresearch/test_automation_principle

付録 3.5　継続的インテグレーション

プラクティス名	継続的インテグレーション
目的	ビルドやテストを継続的に行い、コードが常に動作する状態であることを確認する
方法	1. ソースコードや設定ファイルを構成管理ツールで管理する 2. ビルドを自動化する 3. 専用の端末で定期的に実行する ●修正ごとに実行できるのが望ましい。処理に時間がかかるものについては日次などで行う場合もある 4. メールやチャットを通じて、ビルド結果をチームに通知する 5. テストを自動化し、3. で準備した専用の端末で定期的に実行、結果を通知を行う
適用場面	コード修正時、毎日など定期的
効果	●コードや設定ファイルを常に動作する状態に維持することができる ●新しいファイルの登録漏れや、設定ファイルの誤りなど、統合に関する問題を、素早く検知することができる
留意点	●検知した問題は、素早く修正する。問題を放置すると、調査、修正の手間が大きくなる ●ビルドやテストの時間が長くなると、問題を検知するのが遅くなる。短縮のために、構成の見直しや、並列化などの工夫をする
お奨め文献	●Jez Humble、David Farley 著、和智右桂、高木正弘訳：『継続的デリバリー 信頼できるソフトウェアリリースのためのビルド・テスト・デプロイメントの自動化』、KADOKAWA、2017 年 ●独立行政法人情報処理推進機構社会基盤センター：「アジャイル型開発におけるプラクティス活用 リファレンスガイド(3.2.11. 継続的インテグレーション)」、独立行政法人情報処理推進機構、2014 年

付録3.6　リファクタリング

プラクティス名	リファクタリング
目的	コードの振る舞いは変えずに、内部設計を改善し、見通しのよいコードにする
方法	1. コードの振る舞いが変わらないことを確認するテストを準備する 　●テストは自動化されていることが望ましい 2. コードの内部設計を変更する 3. 変更の度にテストを実行し、振る舞いが変わっていないことを確認する
適用場面	コードが重複したり過度に複雑になった場合や、保守性を向上させたい場合などの理由で、内部設計を変更する場合
効果	●内部設計が改善された、見通しのよいコードは、理解や修正がしやすく、保守コストの上昇を防止する ●保守コストの上昇を防止することで、リリース速度を維持する
留意点	●問題を感じている場所に対して行う ●リファクタリング中は、機能の追加や修正は行わない。小さな変更を心がける。これにより、間違っていた場合でも原因の特定と、修正がしやすくなる ●リファクタリングが必要な状況や、その解決方法、手順などがリファクタリングカタログとして書籍にまとめられているので参考にするとよい
お奨め文献	●Martin Fowler 著、児玉公信、友野晶夫、平澤章、梅澤真史訳：『リファクタリング(第2版)：既存のコードを安全に改善する(OBJECT TECHNOLOGY SERIES)』、オーム社、2019年 ●独立行政法人情報処理推進機構社会基盤センター：「アジャイル型開発におけるプラクティス活用 リファレンスガイド(3.2.8 リファクタリング)」、独立行政法人情報処理推進機構、2014年

付録 3.7　バグのなぜなぜ分析と水平展開

プラクティス名	バグのなぜなぜ分析と水平展開
目的	開発が完了した機能からバグが摘出された場合に、同じ原因でまだ潜在しているバグを摘出する。さらに、その原因を繰り返さないように、プロセスへフィードバックするきっかけを作る
方法	1. 開発が完了した機能からバグが摘出される 2. バグのなぜなぜ分析をして、その機能の開発完了までにそのバグを摘出できなかった原因を明らかにする 3. その原因にもとづき、レビューやテストを実施して、同じ原因でまだ潜在しているバグを摘出する 4. 摘出したバグを修正する 5. バグのなぜなぜ分析で判明した原因を繰り返さないよう、プロセスへフィードバックする
適用場面	開発が完了した機能からバグが摘出されたとき
効果	● 開発が完了した機能から摘出されたバグと同じ原因で潜在するバグを摘出できる ● 今後のスプリントで同じ原因を繰り返さないよう、プロセスへフィードバックできる
留意点	● バグのなぜなぜ分析で判明する原因は、1 つではなく複数であることが多い ● バグのなぜなぜ分析では、設計仕様書、コード、テスト仕様書など現物を確認しながら分析するとよい ● 原因にもとづいて水平展開を実施する。妥当な理由なく水平展開の範囲や内容を絞り込まない
お奨め文献	誉田直美編著、佐藤孝司、森岳志、倉下亮著：『ソフトウェア品質判定メソッド　～計画・各工程・出荷時の審査と分析評価技法～』、日科技連出版社、2019 年

付録4　成果物評価のためのチェックリスト

付録4.1　A.2.1　基本設計（BD）仕様書チェックリスト

No.	カテゴリ	レビュー観点	確認項目	確認日付	結果
	基本項目				
	基本設計（BD）仕様書を確認				
①	全般	仕様書は組織で定める様式に準拠し、必須項目がすべて記載されているか	仕様書テンプレートや雛型の版数、TBDや空欄の有無		
②		記載内容は正確で読みやすく、解釈が一意となる語句や表現か	日本語としての理解性、曖昧な記載、用語の揺れ		
③	仕様	仕様は一貫しており、矛盾なく定義されているか	二重の仕様、同種の事柄に関する対称性、ユースケースの考慮漏れ		
④		当該PJで実現すべき仕様が明確になっているか	優先順位、実現する範囲、規模見積り		
	レビュー記録票と基本設計（BD）仕様書を照合				
⑤	レビュー結果	レビュー指摘事項はすべて仕様書に反映されているか	バグ指摘		
⑥		仕様書への反映結果は、指摘事項の問題を正しく解決しているか	解決方式		
⑦		内容に踏み込んだ指摘が挙がっているか	ユースケースやアクターの考慮漏れ、論理的不整合		
	要件定義書と基本設計仕様書を照合				
⑧	要件	機能要件、非機能要件が、過不足なく盛り込まれているか	性能、スケーラビリティ、操作性、セキュリティ		
⑨		設計された一連の仕様は、実装予定のすべての機能要件、非機能要件を鑑みて妥当か	機能要件の網羅、目的の達成、非機能要件の実現、目標値の達成		
	詳細項目				
	基本設計（BD）仕様書を確認				
⑩	開発の指針	システムの目的や意義が明確にされているか	実装方式、運用方式		
⑪	システム概念	システムを取り巻く要素がすべてそろっているか	システムの概念モデルの構成要素（情報、役割）		
⑫	ユースケース	利用方法や運用手順がすべて明確になっているか	アクター（利用者、管理者、運用者、連携している他システム）、ユースケース（初期、通常、運用管理の利用場面）		
⑬		ユースケースモデルの定義は一貫しているか	矛盾、重複、対称性、揺れ		
⑭		基幹となる処理の流れが明確になっているか	アクティビティ図		
⑮	システム構成	システムが稼働する環境やシステムが必要とするソフトウェアがすべて考慮されているか	OS、ミドルウェア、HW、NW		
⑯		要件とシステム仕様との相互の影響を確認したか	マッピング表／図		

付録 4.2　A.2.2　機能設計(FD)仕様書チェックリスト

No.	カテゴリ	レビュー観点	確認項目	確認日付	結果
	基本項目				
	機能設計(FD)仕様書を確認				
①	全般	仕様書は組織で定める様式に準拠し、必須項目がすべて記載されているか	仕様書テンプレートや雛型の版数、TBD や空欄の有無		
②		記載内容は正確で読みやすく、解釈が一意となる語句や表現か	日本語としての理解性、曖昧な記載、用語の揺れ		
③	機能	機能は、利用者視点で動作が正確に理解できる程度に具体化されているか	画面イメージ、メッセージ、各種条件での機能の振る舞い(例外、異常値を含む)		
④		機能は一貫しており、矛盾なく定義されているか	記載内容と画面イメージ間、機能の重複、対称性、動作条件、共有と排他、機能仕様書間の差異		
	基本設計(BD)仕様書と機能設計(FD)仕様書を照合				
⑤	仕様	BD 仕様書で定義された仕様が FD 仕様書にすべて盛り込まれているか	利用者機能、管理者機能、保守機能、性能、スケーラビリティ、セキュリティ		
	レビュー記録票と機能設計(FD)仕様書を照合				
⑥	レビュー結果	レビュー指摘事項はすべて仕様書に反映されているか	バグ指摘		
⑦		仕様書への反映結果は、指摘事項の問題を正しく解決しているか	解決方式		
⑧		内容に踏み込んだ指摘が挙がっているか	機能やケースの考慮漏れ、論理的不整合		
	要件定義書と機能設計(FD)仕様書を照合				
⑨	要件	前工程まで未確定であった機能要件、非機能要件はすべて確定しているか	追加要件、顧客要件		
⑩		機能要件、非機能要件は、過不足なく機能に落とし込まれ具現化されているか	性能、スケーラビリティ、操作性、セキュリティ		
⑪		設計された一連の機能は、実装予定のすべての機能要件を鑑みて妥当か	機能要件の網羅、目的の達成		
⑫		設計された一連の機能やデータ構造は、対応予定のすべての非機能要件を鑑みて妥当か	非機能要件の実現、目標値の達成		
	詳細項目				
	機能設計(FD)仕様書を確認				
⑬	機能構造	設計方針を明示し、その方針に正確に従い構造が定義されているか	論理構造、ファイル構成、関数設計		
⑭		システムを構成する HW、SW の異常状態に対する回復処理や終了処理がすべて考慮されているか	利用者に見える異常系、エラー、ワーニング、システム間の不整合、競合		
⑮	利用者インタフェース	機能の位置付けを踏まえ、その外部インタフェースは正確に設計されているか	入力情報、出力情報、状態遷移		
⑯		利用者インタフェース、システムやモジュール間のインタフェース設計は一貫しているか	API/ クラス / マクロ、電文 / メッセージ		
⑰	影響箇所	影響箇所をすべて洗い出し、漏れなく処置しているか	既存機能、同時実行可能なプロセス、DB ファイルアクセス、システム負荷 / 性能		
⑱	共通処理	共通処理の設計方針は一貫し、かつ、部品のライセンスの扱いは正確か	複数プラットフォーム、ログ、部品・OSS、ライセンス		
⑲	テーブル設計	構造で定義されたファイルがすべて設計されているか	DB アイテム設計、ファイル、デシジョンテーブル、マトリクス		
⑳		ファイルの設計は一貫しているか	命名規則、検索キー		

付録4.3　A.2.5　結合テスト(IT)仕様書チェックリスト

No.	カテゴリ	レビュー観点	確認項目	確認日付	結果
	基本項目				
	結合テスト(IT)仕様書を確認				
①	全般	仕様書は組織で定める様式に準拠し、必須項目がすべて記載されているか	仕様書テンプレートや雛型の版数、TBDや空欄の有無		
②		記載内容は正確で読みやすく、解釈が一意となる語句や表現か	日本語としての理解性、曖昧な記載、用語の揺れ		
③	評価方針	テスト項目の設計方針が明確になっているか			
④	評価環境	評価環境は、物理的に実現可能な構成が正確に設計されているか	保有資産、設備		
⑤		当該環境群で、すべての評価項目が実行可能か	大規模、限界値、実際の運用		
⑥	評価項目	評価項目は、結果を正確に検証できるか	評価項目のシステム状況、入力値、操作方法、期待結果		
	機能設計(FD)仕様書と結合テスト(IT)仕様書を照合				
⑦	機能	FD仕様書にある機能をすべて網羅しているか			
⑧		システムや機能の実行状態を加味しているか	NW、DB、その他リソースの状況		
	レビュー記録票と結合テスト(IT)仕様書を照合				
⑨	レビュー結果	レビュー指摘事項はすべて仕様書に反映されているか	ケース漏れ、条件漏れ		
⑩		仕様書への反映結果は、指摘事項の問題を正しく解決しているか	項目作成方式		
⑪		内容に踏み込んだ指摘が挙がっているか	機能やケースの考慮漏れ、論理的不整合		
	詳細項目				
	結合テスト(IT)仕様書を確認				
⑫	機能構造	システムの異常状態を考慮しているか	利用者に見える異常系、エラー、ワーニング、システム間の不整合、競合		
⑬	利用者インタフェース	利用者の操作をすべて網羅しているか	GUI、CUI、文字コード		
⑭		表示されるメッセージをすべて網羅しているか	ログ、メッセージ、エラー		
⑮		表示されるメッセージは正確か	誤字脱字、はみ出し、意味不明、多言語		

付録 4.4　A.2.6　総合テスト（ST）仕様書チェックリスト

No.	カテゴリ	レビュー観点	確認項目	確認日付	結果
	基本項目				
	総合テスト（ST）仕様書を確認				
①	全般	仕様書は組織で定める様式に準拠し、必須項目がすべて記載されているか	仕様書テンプレートや雛型の版数、TBD や空欄の有無		
②		記載内容は正確で読みやすく、解釈が一意となる語句や表現か	日本語としての理解性、曖昧な記載、用語の揺れ		
③	評価方針	テスト項目の設計方針が明確になっているか			
④	評価環境	評価環境は、物理的に実現可能な構成が正確に設計されているか	保有資産、設備		
⑤		当該環境群で、すべての評価項目が実行可能か	大規模、限界値、実運用		
⑥	評価項目	評価項目は、結果を正確に検証できるか	評価項目のシステム状況、入力値、操作方法、期待結果		
	基本設計（BD）仕様書と総合テスト（ST）仕様書を照合				
⑦	仕様	BD 仕様書で定義された仕様がすべて盛り込まれているか	利用者機能、管理者機能、保守機能、性能、スケーラビリティ、セキュリティ		
⑧		システムや機能の実行状態を加味しているか	NW、DB、その他リソースの状況		
	レビュー記録票と総合テスト（ST）仕様書を照合				
⑨	レビュー結果	レビュー指摘事項はすべて仕様書に反映されているか	ケース漏れ、条件漏れ		
⑩		仕様書への反映結果は、指摘事項の問題を正しく解決しているか	項目作成方式		
⑪		内容に踏み込んだ指摘が挙がっているか	機能やケースの考慮漏れ、論理的不整合		
	要件定義書と総合テスト仕様書を照合				
⑫	機能要件	テストシナリオは、すべてのユースケースを網羅しているか	基本設計時のユースケース		
⑬	非機能要件	すべての非機能要件が評価項目として設計されているか	性能（単点計測、性能曲線）、スケーラビリティ、セキュリティ		
⑭		定量目標値を持つ非機能要件の目標達成が確認できるか	処理性能、GUI 応答性能		
	詳細項目				
	総合テスト（ST）仕様書を確認				
⑮	暗黙の要件	機能要件、非機能要件とは別に、プロダクトが一般的に具備すべき品質レベルを評価する項目が設計されているか	信頼性、負荷、連続運転、回復、性能、大容量、構成、記憶域、互換性、機密保護、保守性、説明書、使いやすさ、法令 / 規則の遵守、ガイドラインへの準拠、権利の宣言 / 侵害		
⑯	既存機能	既存評価項目の抽出範囲は適切か	デグレード		

付録5　本書とスクラムの用語対応表

<table>
<tr><th>No.</th><th>本書</th><th>スクラムガイド</th><th>用語を変更した理由</th></tr>
<tr><td>1</td><td>バックログ</td><td>プロダクトバックログ</td><td rowspan="2">スクラムでは、プロダクトバックログとスプリントバックログを厳密に分けて表現している。
本書では、プロダクトとスプリントを厳密に分けて表現することで、逆にわかりにくくなる恐れがあると判断し、単にバックログと呼んでいる。
また、スプリントバックログを意味する場合は、スプリント計画と呼んでいる（本書では、スプリント計画という用語は、イベントとしてのスプリント計画と、スプリント計画の成果物の２種類の意味で使用している）。</td></tr>
<tr><td>2</td><td>（スプリント計画）</td><td>スプリントバックログ</td></tr>
<tr><td>3</td><td>バックログ項目</td><td>プロダクトバックログアイテム</td><td rowspan="2">バックログと同様に、プロダクトバックログアイテムとスプリントバックログアイテムを厳密に分けて表現することで、逆にわかりにくくなる恐れがあると判断し、日本語化を考慮して、単にバックログ項目と呼んでいる。
また、スプリントバックログアイテムのうち、バックログ項目をタスクに分解したものを意味する場合は、単にタスクと呼んでいる。</td></tr>
<tr><td>4</td><td>（タスク）</td><td>スプリントバックログアイテム</td></tr>
<tr><td>5</td><td>スプリント計画</td><td>スプリントプランニング</td><td rowspan="2">日本語化したほうがわかりやすいと思われる用語は、日本語化している</td></tr>
<tr><td>6</td><td>振り返り</td><td>スプリントレトロスペクティブ</td></tr>
<tr><td>7</td><td>要求ワークショップ</td><td>リファインメント</td><td>本書では、バックログのリファインメントはプロダクトオーナーの責務として、明示的に解説していない。
開発チームの円滑な開発進行を重視して、バックログの詳細理解のための場として、要求ワークショップと呼んでいる。</td></tr>
<tr><td>8</td><td>Done 判定</td><td>なし</td><td rowspan="2">アジャイル開発の品質保証のために必要と判断して、本書が独自に追加している</td></tr>
<tr><td>9</td><td>品質技術者</td><td>なし</td></tr>
</table>

参考文献

［1］ アジャイルソフトウェア開発宣言
http://agilemanifesto.org/iso/ja/manifesto.html

［2］ アジャイルソフトウェアの12の原則
http://agilemanifesto.org/iso/ja/principles.html

［3］ Ken Schwaber and Jeff Sutherland、「スクラムガイド」
https://www.scrumguides.org/docs/scrumguide/v2017/2017-Scrum-Guide-Japanese.pdf（2020年4月7日現在）

［4］ ケント・ベック、シンシア・アンドレス著、角征典訳：『エクストリームプログラミング』、2015年、オーム社

［5］ SQuBOK策定部会：『ソフトウェア品質知識体系ガイド　第2版－SQuBOK V2－』、オーム社、2014年

［6］ アリスター・コーバーン著、長瀬嘉秀、永田渉監訳：『アジャイルソフトウェア開発』、ピアソン・エデュケーション、2002年

［7］ メアリー・ポッペンディーク、トム・ポッペンディーク著、平鍋健児、高嶋優子、佐野建樹翻訳：『リーンソフトウエア開発～アジャイル開発を実践する22の方法～』、日経BP社、2004年

［8］ デイヴィッド・アンダーソン著、長瀬嘉秀、永田渉監訳：『カンバン ソフトウェア開発の変革』、リックテレコム、2014年

［9］ VersionOne、State of Agile report
https://www.stateofagile.com/#ufh-c-473508-state-of-agile-report（2020年4月7日現在）

［10］ バリー・ベーム、リチャード・ターナー著、河野正幸、原幹監訳：『アジャイルと規律～ソフトウェア開発を成功させる2つの鍵のバランス～』、日経BP社、2004年

［11］ リチャード・ナスター、ディーン・レフィングウェル著、藤井拓監修：『SAFe 4.5のエッセンス－組織一丸となってリーン－アジャイルにプロダクト開発を行うためのフレームワーク』、星雲社、2020年

［12］ Craig Larman、Bas Vodde著、榎本明仁監訳：『大規模スクラム Large-Scale Scrum（LeSS） アジャイルとスクラムを大規模に実装する方法』、丸善出版、2019年

［13］ K. Beck：“Embracing Change with Extreme Programming.”, *IEEE Computer,*

32, 70-77, 1999
[14] ガートナー：「IT デマンド・リサーチ」(調査：2018/5)
[15] 独立行政法人情報処理推進機構 技術本部 ソフトウェア・エンジニアリング・センター：「非ウォーターフォール型開発の普及要因と適用領域の拡大に関する調査報告書(非ウォーターフォール型開発の海外における普及要因編)」
http://www.ipa.go.jp/sec/softwareengineering/reports/20120611.html#L1(2020年4月7日現在)
[16] 独立行政法人情報処理推進機構 技術本部 ソフトウェア・エンジニアリング・センター：「IT 人材白書 2019」
https://www.ipa.go.jp/jinzai/jigyou/about.html(2020年4月7日現在)
[17] Hirotaka Takeuchi and Ikujiro Nonaka：“The New New Product Development Games”, *Harvard Business Review*, 1986
[18] 藤本隆宏：『日本のもの造り哲学』、日本経済新聞社、2004年
[19] バートランド・メイヤー著、石川冬樹監修：『アジャイルイントロダクション』、近代科学社、2018年
[20] Mike Cohn 著、安井力 / 角谷信太郎訳：『アジャイルな見積りと計画づくり～価値あるソフトウェアを育てる概念と技法～』、毎日コミュニケーションズ、2009年
[21] Lee Cunningham：InfoQ
https://www.infoq.com/jp/news/2018/05/state-of-agile-published/(2020年3月3日確認)
[22] SQuBOK V3研究チーム：「アジャイル品質保証の動向」、SQiuBOK Review 2016、Vol.1、pp.1-10、2016年
[23] Joseph Yoder, *et al.*：“QA to AQ-Patterns about transitioning from Quality Assurance to Agile Quality－”, 3rd Asian Conference on Pattern Languages of Programs (AsianPLoP), 2014
[24] David Talby, *et al.*：“Agile Software Testing in a Large-Scale Project”, *IEEE computer society*, 2006
[25] 永田敦：「新米スクラムマスタと QA おじさんのアジャイル珍道中～アジャイル開発チームと QA とのコラボの続き～」、『アジャイルジャパン』、2016年
[26] Anil Agarwal, *et al.*：“Quality Assurance for Product Development”、*ICROIT 2014*, 2014
[27] Robin Tommy, *et al.*：“Dynamic quality control in agile methodology for improving the quality”、IEEE International Conference on Computer Graphics, Vision and Information Security (CGVIS), 2015

[28] A. Janus, *et al.*：“The 3C Approach for Agile Quality Assurance”、3rd International Workshop on Emerging Trends in Software Metrics (WETSoM), 2012
[29] John Kammelar：Agile metrics, 2015
http://nesma.org/2015/04/agile-metrics/(2016年7月28日現在)
[30] Ken Schwaber、Mike Beedle著、スクラム・エバンジェリスト・グループ訳：『アジャイルソフトウェア開発スクラム』、ピアソン・エデュケーション、2003年
[31] 誉田直美：『ソフトウェア品質会計－NECの高品質ソフトウェア開発を支える品質保証技術－』、日科技連出版社、2010年
[32] 足達直ほか：『アジャイル開発における品質管理の取り組みと評価』、プロジェクトマネジメント学会、2011年
[33] Joseph Yoder, Rebecca WirfsBrock, Hironori Washizaki：“QA to AQ-Part Six-Being Agile at Quality”, *Proceeding of PLoP 2016*, 2016
[34] ISO 9000：2015 “Quality management systems-Fundamentals and vocabulary” (JIS Q 9000：2015「品質マネジメントシステム－基本及び用語」)
[35] 誉田直美編著、佐藤孝司、森岳志、倉下亮著：『ソフトウェア品質判定メソッド－計画・各工程・出荷時の審査と分析評価技法－』、日科技連出版社、2020年
[36] Jeff Patto著、川口恭伸監訳：『ユーザーストーリーマッピング』、オライリージャパン、2015年
[37] R. S. Pressma著、西康晴、榊原彰監訳：『実践ソフトウェアエンジニアリング－ソフトウェアプロフェッショナルのための基本知識』、日科技連出版社、2005年
[38] Yoshifumi Kosumi：“A study on Pair-work Optimization by Retrospective in an Agile Project”、*ProMAC2015*、2015
[39] Martin Fowler著、児玉公信、友野晶夫、平澤章、梅澤真史訳：『リファクタリング(第2版)：既存のコードを安全に改善する (OBJECT TECHNOLOGY SERIES)』、オーム社、2019年
[40] ISO/IEC 2382-14：1997“Information technology-Vocabulary-Reliability, maintainability and availability”(JIS X 0014：1999「情報処理用語－信頼性、保守性及び可用性」)

索　引

[英数字]

[あ　行]

[か　行]

[さ　行]

［ま　行］

［や　行］

［ら　行］

◆著者紹介

誉田　直美(ほんだ　なおみ)

株式会社イデソン　代表取締役

公立はこだて未来大学客員教授　工学博士

大手電機メーカーで、30年以上にわたって、ソフトウェア開発の品質・生産性向上の専門家として、海外複数拠点を含む数多くの開発プロジェクトを推進。アジャイル開発やAI(人工知能)を搭載したシステム開発の品質保証、CMMIレベル5達成の推進リーダーを務めた経験がある。単なる知識にとどまらず、豊富な現場経験に基づく実践的な品質保証を得意とする。大手電機メーカー退職後、㈱イデソンを設立(https://ideson-worx.com)。日科技連SQiPソフトウェア品質委員会副委員長。

情報処理学会、品質管理学会、プロジェクトマネジメント学会所属。

【主な著書】

『ソフトウェア品質判定メソッド』(日科技連出版社、編著)、2019年

『ソフトウェア品質会計』(日科技連出版社)、2010年

『ソフトウェア品質知識体系ガイド 第2版　– SQuBOK Guide V2 –』(オーム社、共著(執筆リーダー))、2014年

『ソフトウェア開発 オフショアリング完全ガイド』(日経BP社、共著)、2004年

『見積りの方法』(日科技連出版社、共著)、1993年

【受賞】

第5回世界ソフトウェア品質国際会議(5WCSQ)　最優秀論文賞および最優秀発表賞(2011年11月)

第4回世界ソフトウェア品質国際会議(4WCSQ)　最優秀論文賞(2008年9月)

プロジェクトマネジメント学会　文献賞(2016年9月)

品質重視のアジャイル開発
成功率を高めるプラクティス・Doneの定義・開発チーム編成

2020年9月26日　第1刷発行

著　者　誉田　直美
発行人　戸羽　節文

発行所　株式会社 日科技連出版社
〒151-0051　東京都渋谷区千駄ケ谷5-15-5
DSビル
電　話　出版　03-5379-1244
営業　03-5379-1238

検　印
省　略

Printed in Japan　　印刷・製本　東港出版印刷株式会社

ISBN 978-4-8171-9717-7
URL https://www.juse-p.co.jp/